LOCUS

LOCUS

LOCUS

LOCUS

日本IC教父川西剛

——我的半導體經營哲學

川西剛／著
蕭秋梅／譯

tomorrow 05

日本IC教父 川西剛

——我的半導體經營哲學

川西剛／著

蕭秋梅／譯

製作：明日工作室

法律顧問：全理法律事務所董安丹律師

出版者：大塊文化出版股份有限公司

台北市117羅斯福路六段142巷20弄2-3號

讀者服務專線：080-006689

TEL：(02) 9357190　FAX：(02) 9356037

信箱：新店郵政16之28號信箱

郵撥帳號：18955675　　戶名：大塊文化出版股份有限公司

e-mail:locus@locus.com.tw

行政院新聞局局版北市業字第706號

總經銷：北城圖書有限公司

地址：台北縣三重市大智路139號

TEL：(02) 9818089 (代表號)

FAX：(02) 9883028 9813049

初版一刷：1999年3月

定價：新台幣250元

ISBN 957-8468-69-5

Printed in Taiwan

明明德　日日新

明日工作室宣言

歷史的演變和進動，人，是最大的因素。任何創造或毀滅，成功或失敗，都源自於人和人的行爲。挑戰自己的極限，朝更美好的未來邁進是人類的天性。

試圖擺脱自己個人狹隘的自我、血統、地域的觀念囚牢，而令自己能自由地通行於時空之中不爲其所困囿，打造出更美好的明天和未來，相信這是所有人類共同的期望，而這也就是我們成立明日工作室的原因。明日工作室集合了很多優秀的人才，成立了專業寫書、著作的團體。期望能寫出一些對人類的未來和理想有益的書。

明日，有兩種意思。

一個就是明天TOMORROW，未來的理想、目標像似很遙遠……而明日，就比較眞實，人人都能比較清楚的掌握。我們要打造美好的明天，今天就應該開始做。

明日的另外一個意思是『明明德、日日新。』

明明德，就是知道過去、未來；知道倫理、文化和世間的規則；知道理想、目標。善用過去原本具有的知識、智慧等人類的共同資產，並遵循久遠以來的道德規範。

日日新，就是每天除去一些過去的錯誤觀念與缺點，每天學得新知識、技能，使自己慢慢朝向更完善的境界更接近一點點，向更美好的光明未來進化、躍昇。

就像三百多年前牛頓曾說：『我會有少許成就，是因爲我正踩在巨人的肩膀上。』過去人類所積累的知識和無數的智慧結晶，是人類的共同資產，也是牛頓所說的巨大的肩膀。明明德就是有效的運用巨人的肩膀，並遵奉過去所傳承下來的良好道德規範。日日新就是日復一日永續地朝向更美好的明日邁進，以上是我們成立明日工作室的理想，也是我們寫作出書的方針，歡迎有志一同的人加入明日工作室，來和我們一起共同「打造美好的明日」。

明日工作室

專業寫作公司

創辦人　溫世仁　蔡志忠

副總經理　侯吉諒

主編　劉叔慧

編輯　侯延卿　劉叔秋
楊雅雯　宇文正
張成華

助理編輯　莊琬華

助理秘書　李雨澄

電話：02-25703668

傳眞：02-25790449

郵政信箱：台北郵政036-00403號信箱

E-mail：futurism@m2.dj.net.tw

網址：www.tomorrowstudio.com.tw

【序1】

無遠弗屆的半導體

（江丙坤，經建會主委）

半導體經過四十幾年的發展，已滲透到各種產品之中，與我們的日常生活息息相關，在資訊網路、電子商務、行動通訊、生活自動化，無紙文書等高成長的趨勢下，相關產品將會蓬勃發展，這些產品的核心——半導體，必將扮演更重要的角色。

我國的半導體產業經過二十餘年的發展，目前亦小有成就，僅次於美、日、韓等國，居全球第四，是我國最具發展潛力的高科技產業之一，在我國整體產業結構中也佔重要比重。

日本的半導體產業發展起步晚於美國，但在規模上曾在一九八〇年代中期超越美國，在製造技術亦凌駕美國，尤其在半導體記憶體方面曾獨霸全球。近年來因爲我國及韓國的積極追趕，使日本在全球佔有率下降，但日本的消費性電子、記憶體的半導體產品仍居世界領先的地位。

本書作者川西剛先生，從事半導體產業的工作已有四十餘年，親身參與日本半導體產業從無到有的發展歷程，目前除了在日本東芝擔任常任顧問，並在美國、新加坡等地擔任顧問、董事等職務，對全球的半導體產業的演變有深切的體認。

本書從半導體的基本知識開始介紹，再由經營面敘述作者的經驗與感想，並從全球觀點比較各國的優劣勢，及對日本半導體產業提出建言。

我國半導體產業目前正值大力拓展之際，從經濟、政策、產業、經營等方面來看，本書提供了豐富的參考資料，值得我們學習與深思。

【序2】

我的朋友川西　剛

(溫世仁，英業達集團副董事長)

一九二九年出生的川西剛先生，今年剛好滿七十歲，多年來一直是我的忘年之交，也是我在半導體方面的導師。四十多年來，川西先生從半導體的開發工程師幹起，歷經工廠的製造、品管、生產技術、生產設備採購等部門主管，後來又參與市場行銷與決策，在過去二十年間，川西先生一直是日本東芝公司半導體事業的最高負責人，此一時期，也正是日本半導體崛起的時期，而東芝與日本電氣(NEC)並列為日本兩大半導體公司，在世界上的排名也在前五名之內，川西先生對東芝公司及日本半導體的發展功不可滅。五年前，川西先生六十五歲時，以東芝第一副社長的頭銜退休了。

川西先生從事半導體事業達四十多年，本身就和半導體的歷史一起成長，他充滿活力又能說流利的英語，經常往來於世界各國，代表日本半導體界發言，如果說川西先生是日本IC的教父實不爲過。

從十多年前起，我認識了川西先生，我們就成了忘年之交，當時忙碌的川西先生經常會親筆寫信來鼓勵我，每次聚會時，他總會教導我許多半導體的專業知識，有時也大談人生的哲理。六十多歲的他，像是永遠充滿用不完的體力和活力，一大早起來打網球，早上演講完，下午打高爾夫球，晚飯後又打麻將到半夜，同時也是圍棋五段的高手，在家中有空閒還自己種菜。在工作上他是運籌帷幄、決勝千里的決策者，每年總要決策千億以上的投資，在生活上卻是充滿純眞的老頑童，豪爽、好動又愛開玩笑。

然而，半導體是川西生命的主軸，其他只能算是配戲，遊戲人生的態度，更讓他在半導體本業的執行更加能夠集中精神，他常讓我想起一部西部片中，神槍手的主角在訓練他的徒弟時所說的一句話：『Release for concentration（放鬆才容易集中）。』

這本書是川西先生畢生心血的結晶，川西先生將他四十多年的經驗（幾乎等於半導體產業的歷史）、專業知識、國際行銷、國際合作的體驗，以及無時無地對半導體產業的深入觀察，再加上獨特而積極的人生觀，溶入字裡行間，有血有肉的寫成一本書。本書的日文版及英文版發行後，馬上成爲研究半導體產業歷史和發展方向的經典之作，一年前我即要求川西先生要讓我出本書的中文版，川西先生也一口答應。

台灣正在大力發展半導體產業，目前半導體產業已是台灣投資最大的產業，許多技術人員投入大量的智慧和精力，大企業投入大量的資金，甚至升斗小民也買賣著半導體公司的股票。台灣的半導體產業雖已排名世界第四（僅次於美、日、韓），然而目前台灣半導體產業的規模，約只有日本的十分之一強，『他山之石，可以攻錯』，鄰國日本在半導體產業的寶貴經驗可以給我們很好的借鏡，尤其是由日本IC教父川西剛親口講述他四十多年的半導體生涯，實爲不可多得的參考寶典。

本書內容深入淺出，用充滿人生哲理的方式，訴說二十世紀後半對人類最有影響力的半導體產業，是值得一看的好書。

目錄

第七章：我的「成功法則」 267

第八章：前瞻未來的眼光 287

謝詞 340

前言

「半導體」這個被稱爲二十世紀的奇蹟產業，自發明至今，即將寫下半世紀的歷史。如半導體這般對人類文明生活造成巨大影響，且大幅改革文明的產業，可說前所未有。它是產業之米、資訊化社會的旗手。如今，它的發展，更有一日千里之勢。

寫這篇前言時，我正坐在飛往美國舊金山的飛機上。屈指細數，這已是我第七十五次的美國之旅。距今三十六年前，我還是一個胸懷大志的年輕工程師，爲了學習半導體，遠渡美國，並且爲當時美國各方面的繁榮景象所懾服。如今，我的身份是總公司設在美國的某國際性半導體生產設備企業之外部董事，爲了出席董事會（board meeting）前往美國。

從學習半導體技術開始，經過拓展半導體業務，和美國企業策略聯盟；到如今以一名美國公司董事的身分，走訪美國。不管是訪美的內容或是我的立場，全都隨著光陰的流逝而改變了。

半導體——這個我在東芝株式會社奉獻了大半生的產業，是一個洋溢著浪漫和冒險、深具挑戰性的工作。不管是在技術面、經營面、國際化、人才培育面、人生的走向上，半導體和眾多與半導體相關的人、事、物，都給了我莫大的指導和啓示。

今天，我已經從第一線退下，雖然才疏學淺、資質平庸、歷練未足，但是，基於想對教導、鍛鍊我的半導體業界盡一份回饋心意，加上受到引導我前進的一股莫名且巨大的力量所鼓舞（我六十多年來人生一以貫之的經驗），大膽在此披露個人體驗和想法。

執筆之際，我借用了許多社會賢達的金玉良言。這些都是我偶一俯拾，順手抄錄在筆記本上所得。不過，大部份的內容都是個人拙見，關於這點，尚祈見諒。

再者，我雖盡可能想用自己的話書寫內容，惟天生文采不足，加以不得不使用眾多半導體方面的特殊用語，因此對讀者而言，想必生澀難懂之處亦多，關於這點，還請海涵。

本書鎖定的對象並不限於半導體業界人士，而是衷心期待透過被稱爲「產業之米」的半導體經營，對日本各種產業未來的發展，提供思索的方向而寫成。此外，對負有建設二十一世紀重任的年輕一代，除衷心期望本書能帶給他們鼓勵之外，若本書能對他們思索處於國際化洪流當中，應保留文化的哪些優點、改善哪些缺點時提供些許啓示，更是望外之喜。

第一章

我的半導體人生

有意志處，有道路。走過漫漫半導體之路，我尤能體會這句話的深刻意涵。

回顧四十多年來的半導體生涯，我感受最深刻的是「有意志處，有道路」。從開始踏入半導體的那一刻開始，不管在順境、逆境中，我始終秉持著「任何工作都絕對要貫徹到底之鬥志，不輕忽任何立場之態度，所有經驗都要吸收累積，始能成爲未來生活之智慧」的信念，一路走來，至今幸能有所貢獻，走過的每一步，都是生命深沈的刻劃。

一、進入半導體世界（一九五七～一九六四年）

我自東京工業大學電子工程系畢業後，在一九五二年進入東芝。由於大學時代專攻天線工程，所以我一直認爲進東芝後會被派到無線、通訊相關部門工作，然而卻意外的被派到崛川町工廠的收訊管（receiving tube）課做現場工作。在那個年代，大學畢業直接派到現場的例子極爲罕見，這件事對一心想到研究所或技術部門工作的我打擊極大。但是，這卻爲我往後的生涯帶來無數「幸運」，這是當初始料未及的。

第一件幸運的事是，這工作讓我我拋開理論，在製造現場和組長、作業員一起流汗苦幹，親身體驗「製造」的重要、神聖，而這個寶貴的經驗對我往後的生涯助益極大。

第二件幸運的事是，在這個製造現場的數年裡，遇到許多優秀的前輩，他們教導我「現場、現實主義的重要」，以及「不畏失敗，不斷積極往前邁進的勇氣」。

第三件幸運的事是，一九五六年東芝開始生產電晶體，而大約與此同時，我被拔擢爲第一批半導體工程師，並因而能在往後的四十多年裡，將人生奉獻給半導體這個富挑戰性的工作。

艱難的開始

當時幾乎沒有人看好這個生於美國的小石頭的未來發展。特別是東芝的matsuda眞空管，因爲享有東洋第一的盛名，因此大多數的意見都認爲，再怎麼高估，品質功能十分遜色且價格昂貴的電晶體，最多也只能取代百分之十的眞空管（一九五六年左右）。

在這種聲浪中，有一位前輩卻告訴我「不久的將來，半導體必會超越眞空管。爲什麼呢？因爲半導體爲數位結構、比較簡單之故」，即使到今天，我都還記得這句話。

當時雖然星期六也要上班，但是每個月的加班時數仍超過一百五十個小時。眞可說是天天拚命工作。除了手工打造了熔爐等大部份設備，也加入生產線親手進行生產。即使後來自動化不斷進步，上述經驗仍對我在理解事情的本質上，助益極大。

赴美求學

一九六〇年，我第一次前往夢寐以求的國度——美國，學習半導體。這次出差乃基於東芝和GE、RCA（美國半導體業界的老店，但是現在已退出半導體產業）、WE（現在的AT&T）締結的技術契約而進行。當時美國特別寬大、親切，對戰敗國日本的年輕工程師禮遇重視有加。即使後來日美兩國之間爆發半導體問題，我雖是日本方面的當事者，但仍念念不忘半導體是「由美國所傳授」。

其後，爲了到GE公司學習大型整流元件技術，我再度赴美。當時恰巧是日本爲迎接東京奧林匹克運動會，奮力建設新幹線之際，爲了生產該交流電車用的整流元件，我們可說做了許多嘔心瀝血的努力。雖然也經歷過各種失敗，然而在大家的努力下，東芝的整流元件一躍而爲世界第一，至今仍出口到歐洲等國家。

二、逐步探索的過程（一九六五～一九八一年）

1. 身先士卒的精神

我任職的電晶體工廠（現在的多摩川工廠）第三製造課乃矽電晶體、矽強力電晶體的量產工廠，可說是勞力密集的職場。最盛期時，包括兩班輪班、三班輪班的人員，共計有一千位課員。擔任課長期間，遇到最大的課題乃是，如何凝聚眾多員工、發揮最大效率，朝著既定目標邁進。

那時候，我的原則是：

(1) 給予明確的目標；
(2) 要求員工自動自發參與、激發員工的幹勁；
(3) 以人性化的態度對待屬下（不高高在上、帶頭辦活動和屬下打成一片）；
(4) 率先挺身帶頭做。

此外，我的座右銘則是「艱難培養耐力、耐力成就智慧、智慧帶來希望」。

2.天時地利與人和

我首次離家，在地方工廠度過約三年的單身生活。赴任之初恰逢石油危機結束、處境艱辛的時期，但是後來景氣逐漸復甦、近代化投資也大舉實施，使我度過極爲充實的時光。

此時總公司進行大規模投資，以及在大分工廠人員發揮創意、苦心經營下，工廠在擴廠和提高效率方面大幅進展，成果包括：

(1) 引進自動接合器（auto bonder），首次以一人管多台機器方式，提高效率。

(2) 引進測試機（tester）的auto handler。

(3) 建設輸送帶（bay）式的新無塵室。

(4) 成功開發部份銀電鍍lead frame。

此外，我深刻感受到，地方上的企業和當地狀況息息相關。像大分時代這般「天時、地利、人和」諸條件齊備的狀況，可說是我絕無僅有的深刻經驗。

「天時」指在電子樂器（synthesizer）熱潮的帶動下，市場對半導體需求激增；「地利」爲大分工廠所在之處爲自然和文明融爲一體的優越環境，因此能藉由積極投資，大幅提高生產效率；「人和」則是大分工廠、當地絕佳的人和。

這三年可說是我這一生當中，最難忘懷的美好時光。

3.初嘗成功之果

CMOS-LSI係在一九七〇年左右開始生產。當時在NMOS領域上腳步落後的東芝，選擇在CMOS-LSI上奮力一搏，可說是明智之舉。不過，當時我們製造現場可說吃了不少苦頭，因爲：

(1) 良率只有數百分比。

(2) 製造機器的離子植入機（ion implanter）只有一台，且經常故障，而備件

（spare part）又只有美國才有。

(3) 所有管理階層全部出動支援生產，直到深夜十一點左右。

不過，跟製造現場的辛勞相較下，因爲交貨期延遲、虧損等問題叢生，高層主管承受了更多不爲人知的壓力和勞苦。然而，他們卻從不曾在我們面前表現憂慮或焦急之情，還是從容不迫靜待成果。看到他們滿懷信心的態度，我們也精神爲之一振、而能團結一致，加緊製造。最後終於建立了東芝的CMOS技術，不久後採用該製程的1M DRAM更大放異彩、獲致成功。

三、穩定成長的階段（一九八一～）

一九八一年，由於前任負責人大戶先生遽逝，我才緊急接任成爲半導體的負責人。接任後沒多久，東芝就在當時的社長佐波正一（現顧問董事）的領導下，推行「W作戰」計畫，加強半導體事業。關於W作戰，在第六章，我會詳加介紹；而在W作戰之前，不管成績好壞，半導體事業都不過是東芝的一個事業部罷了。

「W作戰」計畫

然而，在打出W作戰計畫的契機下，社長、公司員工亟欲投入經營資源，將半導體事業培育爲東芝未來主力事業，貫穿W作戰的精神主要爲：

(1) 先見之明——不要看眼前的波浪起伏，要看長遠的潮流變化；
(2) 一以貫之——不論景氣好壞，皆要持續連貫地投入資源；
(3) 國際性——不只是單純進出口產品或到海外設據點，更應進行國際間的協調、互補；

(4)均衡發展-應進行品種展開、顧客因應、組織、人事等全面性的事業營運；

而W作戰之所以能獲致成功的關鍵在於：

(1)預見天時——半導體的成長；

(2)善用地利——製造、技術、銷售的力量、貴重的經營資源；

(3)力求人和——人必須懂得活用，方能有成。

四、我的未來

一九九四年我卸下東芝董事的職務後，即暗自決定，若被賦予任何工作，一定要遵循下述三個原則。

(1)要對培養自己四十多年的東芝有所助益；

(2)要能對長久以來引領自己成長的半導體、液晶業界有所貢獻；

(3)要能對長年從事的國際關係之改善有所貢獻。

我秉持著「任何工作都絕對要貫徹到底之鬥志，不輕忽任何立場之態度，所有經驗都要吸收累積，始能成爲未來生活之智慧」的信念，一路走來。回顧四十多年來的半導體生涯，感受最深刻的是「有意志處，有道路」。

我目前的工作主要如下：

▽東芝常任顧問

▽美國應用材料公司　外部董事

▽美國Asyst Technology公司　外部董事

▽新加坡CSM公司　外部董事

▽新加坡IME（微電子研究所） 董事長（board chairman）

▽新加坡NSTB（科學技術廳） 國際顧問

▽精密陶瓷技術研究工會 理事長

▽社團法人SHM（電子封裝技術協會） 會長

第二章

半導體業的發展與經營

新技術一項接一項的開發，就像征服一座山脈之後，背後還有另一座山脈，同時更前方也還矗立著未知的山脈一般。半導體的發展可說是不斷挑戰著，凝聚人類智慧、技術的歷史。即便邁入二十一世紀，這種技術革新依舊會無窮無盡地持續發展。

一、半導體半世紀的發展歷程

自從一九四七年美國發明電晶體以來，半導體可說帶領了一個新世紀的到來。帶動今日世界繁榮的半導體產業，在發展的過程中，雖然曾經歷過曲折，不過到目前爲止，一直維持兩位數的高度成長（圖1.1）。

半導體產業這五十年來的歷史，大約可劃分爲以下幾個階段。

△創始期（一九四七～一九五八年）　開始生產接合型鍺電晶體。

△搖籃期（一九五八～一九七〇年）　開始生產積體電路。

△成長期（一九七〇～一九八一年）　記憶體、微處理器時代拉開序幕。

△發展期（一九八一～一九九一年）　超高集積化、系統整合晶片（system on chip）時代開始。

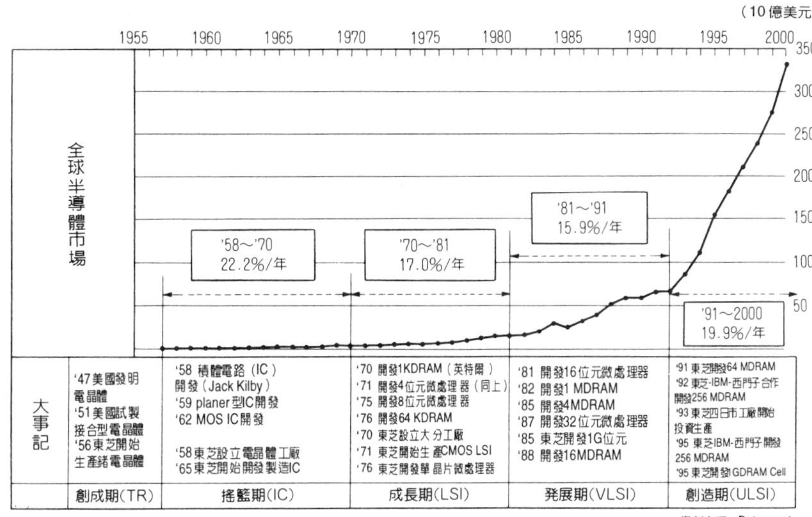

圖1・1 半導體半世紀的發展歷程

△創造期（一九九一～）轉變為電子系統。

在技術方面，新技術一項接一項的開發，就像征服一座山脈之後，背後還有另一座山脈，同時更前方也還矗立著未知的山脈一般。半導體的發展可說是不斷挑戰著，凝聚人類智慧的技術的歷史。即便邁入二十一世紀，這種技術革新依舊會無窮無盡地持續發展。

某位工程師指出，直到二十一世紀前半兆位元（1012位元）時代來臨前，技術仍有持續更新的可能。然而到底還有什麼更新、更好的技術在前方等著呢？或許是分子結構的生化晶片（biochip）也不一定。

在半導體發展的歷史當中，半導體產業的型態也逐步蛻變（表1.1）。

(1) 六〇年代——電晶體姑娘是主角

六〇年代，半導體業的主角是被稱為「電晶體姑娘」（照片1.1）的女作業員。當時，半導體可說是最具代表性的勞力密集產業，我稱之為「半導體是農業」的時代。

不管是無塵室的光罩對準製程（mask alignment process），或是焊接（bonding）組裝製程，優秀的作業員和新進作業員的能力大約相差十倍以上，只要一個老經驗的作業員休假，甚而會導致該單位的成績一落千丈。

任職於東芝川崎電晶體廠時，我常為了招募優秀的年輕女作業員，遠赴九州或東北地區舉辦招考。當時作業員的工作型態以兩班交替為主，公司並派遣數十台巴士，往返於員工宿舍和工廠之間，接送作業員上下班。此外，為了讓宿舍住起來更舒適，公司也費盡心思。

我在生產現場擔任課長期間，手下約有一千名課員，當時最大的難題即

表1．1 半導體事業的時代變遷

	1960~80	1980	1990	2000
世紀	小學生	高中生~大學生	社會人	社會領導階層
主題	效率	產品力	策略	全球策略
主角	作業員	技術人員	經營者	最高經營者
產品	電晶體 LSI	Kilo記憶體	mega記憶體	giga記憶體

照片1．1 1960年代的電晶體姑娘

是：如何讓爲數眾多的員工凝聚向心力、努力工作。此外，最頭痛的還是工作人員的安全問題，爲了克盡課長之責，我每天巡視職場，一刻也不曾取下手臂上的安全臂章。雖然後來各公司都相繼在勞力充足的地方設廠，不過，當時半導體產業的主角，絕對非生產線上的作業員莫屬。

(2) 八〇年代——轉變為技術導向的產業

一邁入八〇年代，半導體產業逐漸由原來的勞力密集產業，蛻變爲技術導向的產業。如何降低製造成本，以及如何和其他廠商的產品進行差別化，也成爲大家最重視的焦點。

此外，隨著ＬＳＩ（Large Scale Integration Circuit，大型積體電路）的集積度日益提高，不但在半導體的設計方面，即便在作爲和顧客進行溝通的介面上，也需要眾多工程師。爲此，各廠商莫不競相大量採用工程師，此外，爲了改善技術環境，各廠商紛紛在各地成立設計中心（design center，照片1.2），並爲了改善工程師的居住環境，不惜投下鉅資。

這個時期的最大問題，在於如何提高工程師的效率，以及難以對工程師的效率進行評估。

(3) 九〇年代——管理成為重要因素

到了九〇年代，管理逐漸成爲極重要的因素。因爲半導體產業需要鉅額的研發和製造投資，成敗將關係公司的興衰存亡。在此情況下，現金流量（cash flow）經營，也就是賺取利潤以早日回收投下的資本，便成爲重要課題。

更有甚者，隨著產業規模日益龐大、技術日趨精細、和其他行業走向複合化等因素，一家公司、一個國家想要單打獨鬥、樣樣自己來，已變得愈來愈困難。因此，進行跨國性策略聯盟，成爲重要課題。

在擔任半導體事業本部長期間，我曾和德國西門子公司締結合作契約、和美國摩托羅拉公司共同成立生產合資公司，具體進行全球性的國際化策略（照片1.3）。換句話說，管理已經逐漸成爲半導體產業的主角了。

可以預見，邁向二十一世紀的過程中，高層主管（Top Management）的重要性將有增無減。但回到半導體產業的原點，我們絕不能忘記，作業員、技術人員所扮演的角色也極重要。

照片1．2　半導體設計中心

照片1．3　西川先生（時任取締役半導體事業本部長）
和西門子公司締結契約

二、半導體的特徵

以下將對半導體的使命和特徵，作一說明。

(1) 代為行使人類的能力

記憶體、微處理器、CCD（charged coupled device，電荷耦合器件）、聲音辨識用IC等半導體產品，雖然力圖代理人類的智能，但是和人類的智慧仍無法相抗衡。例如：

▽記憶—記憶體16M DRAM（百萬位元動態隨機存取記憶體，megabit dynamic random access memory），其記憶容量只有人類大腦的千分之一。

▽視力—五十萬圖素的CCD只有人類視力的三百分之一。

(2) 產業之米

半導體已經滲透到所有產業。表1.2所示者，是北美地區以美元爲單位的GNP（國民生產毛額）、電子機器、半導體的成長率。其中，半導體的成長率約爲GNP的十倍、電子機器的三～五倍。

(3) 高附加價值產品

記憶體元件——16M DRAM每一噸的價值，當然無法和鑽石高達三兆日幣的身價相比擬，不過，其身價卻高達汽車的一千倍。再者，半導體的價值已竄升爲其原料「金屬矽」的一萬倍，達每一噸十～二十億日圓（表1.3）。

(4) 資訊化社會的旗手

表1 · 2 北美地區的年成長率 (%)

	年	1992	1993	1994	1995	資料來源
GNP(實質)(%)		2.1	3.1	3.8	2.0	日本銀行
電子機器（產值）		3.7	6.5	9.7	6.9	Elsevier electronics year book
半導體（產值）		17.5	37.9	24.1	30.0	Dataquest
比(%)	半導體/GNP	8.3	12.2	6.3	15.0	
	半導體/電子機器	4.7	5.8	2.5	4.3	

表1 · 3 與每一噸16MDRAM的價格比較

產品名稱	每一噸的價格	備 考
硅砂 金屬矽 多結晶矽 矽晶圓（8吋） 16MDRAM	3,300日圓 20萬日圓 600萬日圓 6,500萬日圓 10~20億日圓	每一公斤約6,000日圓 每一片約14,000日圓 一片為217公克 為金屬矽的一萬倍
鐵（H型鋼） 汽車 鑽石	4萬日圓 115萬日圓 3兆日圓	豐田汽車的冠樂拉(Corolla) 一克拉（0.2公克） = 60萬日圓

ＯＡ（辦公室自動化）機器使用半導體的量，未來將會以記憶體爲核心，快速增加。譬如，以筆記型個人電腦而言，以往8百萬位元組(megabyte)的主記憶裝置，現在已經變成24百萬位元組，而未來更將擴充爲128百萬位元組。換言之，每一台ＯＡ機器將必須配備十六顆64M DRAM。

此外，以眾所期待的ＤＶＤ來說，目前每一台使用十三顆ＬＳＩ，其市場規模在公元兩千年時，將擴大爲三十六億美元（約三千六百億日圓）。

(5) 超高集積度產品

如同表1.4所示，百萬位元記憶體乃超乎想像的高集積度產品。以新世代的記憶體「64M DRAM」爲例，其可以儲存的資訊量相當於二百五十六頁報紙、一個小時的電話留言錄音。64M DRAM剛好具有可以和日本的總人口相匹敵的

表1．4　記憶體的集積度

	元件數/設計法則	報紙的量	電話留言錄音時間	其他例子
1 MDRAM	220萬個 1.0μm	4頁分	1分	就像把大阪市的人口擠進對角7㎜的面積內
4 MDRAM	870萬個 0.7μm	16頁分	4分	就像把東京23區的人口擠進對角9㎜的面積內
16MDRAM	3,700萬個 0.55μm	64頁分	15分	就像把波蘭的人口擠進對角11㎜的面積上
64MDRAM	1億3,400萬個 0.35μm	256頁分	1小時	就像把日本的人口擠進對角13㎜的面積上

一億三千四百萬元件。第一代產品乃運用0.35微米（一微米等於一千分之一毫米）的設計法則（design rule）製造，面積爲對角十三毫米，這個大小相當於把所有日本人口擠入日本總面積的二十四兆分之一的面積上。

三、半導體產業的特徵

作爲一個產業，半導體有其他產業所沒有的特徵。以下將針對這些其他產業看不到的特徵，作一說明。

(1)「可期的榮景」和「惱人的課題」

所謂「可期的榮景」，意即半導體產業雖然有高低起伏，但是就長期而言，其年成長率仍可望高達兩位數，誠如「產業之米」一詞所示，半導體乃是所有產業領域的基礎零組件（component）。目前正逐漸成形的多媒體時代，若是沒有半導體，將不可能存在。

另一方面，所謂「惱人的課題」則包括以下三點：第一個課題是，如何在龐大的研發投資和生產投資中，進行現金流量經營；第二個課題是，如何站在全球的觀點進行策略聯盟，以期解決單憑一家公司、一個國家的力量將無法完整涵蓋的經營、製造、銷售、技術等問題；第三個課題（圖1.2）是，隨著台

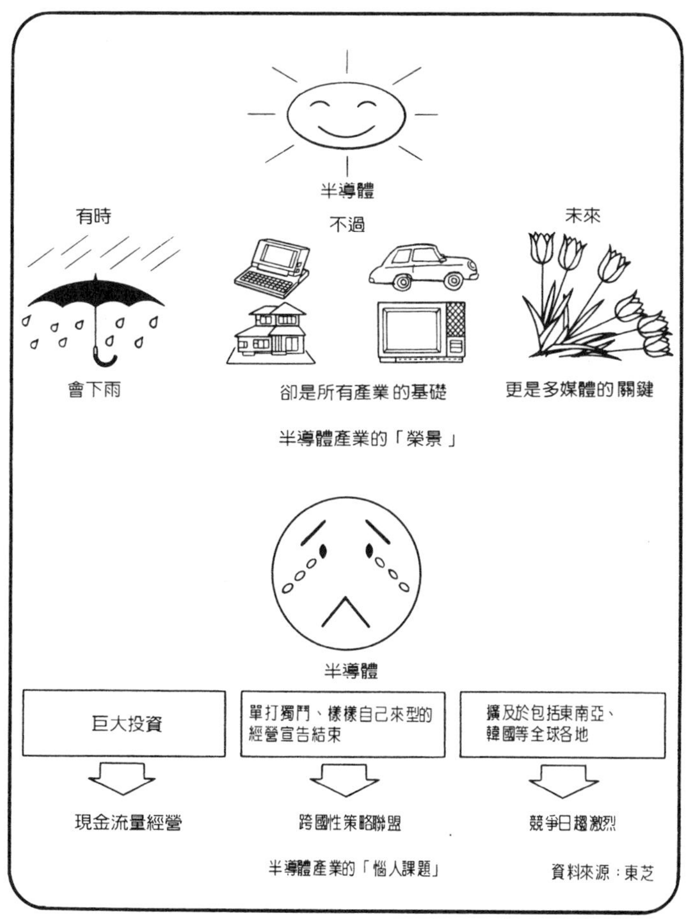

圖1．2　半導體的「可期榮景」與「惱人課題」

圖1·3 矽週期

灣、新加坡廠商也繼韓國之後陸續興起，半導體產業已擴及於全球各地，因此，如何在嚴苛的競爭環境中，確保自己公司立於不敗之地，並永續發展、成長，也是一大問題。

(2)「起伏變化」和「不變潮流」

半導體產業有後述所謂「矽週期(silicon cycle)」這種短期、表面上的變動(圖1.3)，令經營者相當苦惱，不過，這是半導體產業「起伏變化」的部份，並非半導體產業的本質。

半導體有基本的發展趨勢，即是我所說的「潮流」。換言之，這個「潮流」是指「半導體是個不斷進步的產業、擴及各種產業領域的產業、資訊化社會的旗手。同時也是國際化的領航員、近代化的指標。」

簡而言之，如何乘風破浪、掌握發展趨勢，才是經營的眞諦。

(3)「矽週期」的需求變動

半導體產業金額單位的波動起伏，年年加劇。通常數量波動和價格變動都是同時產生，因此當市況低迷時，對經營會有巨大影響。

關於矽週期，有以下兩種說法：

◎四年一週期，亦即總統選舉或奧林匹克運動會結束後的翌年，會陷入市況低迷局面—消費性半導體為主的時代確是如此，不過現在情況已大為改觀。

◎十年一週期，亦即逢五的一年市況即陷入低迷、逢三的一年即欣欣向榮——半導體景氣在一九七三年、一九八三年、一九九三年時，的確呈現一片繁榮景象，相對的，一九七五年、一九八五年則陷入低迷。不過，一九九五年卻不適用此說法，而是往後延了一年，直到一九九六年才陷入景氣低迷局面。

每當上述週期出現時，就會引發業界相關人士競相發表意見、熱烈討論，甚至成爲社會問題。不過，依我個人經驗，當大家高喊「矽週期、再見」時，就是景氣即將亮起紅燈的前兆；而當大家認爲半導體業不再具吸引力時，即意謂將開始掀起熱潮。

一般認爲，影響矽週期的因素主要如下：

◎使用半導體的機器之變動。

◎半導體本身的零組件特性，促使變動幅度增大、速度加快。
◎對供需平衡敏感的價格波動。
◎源自技術革新的新產品登場。
◎源自技術革新的新市場登場。
◎景氣繁榮時的過度投資。
◎新興工業國以發展半導體為國家政策，進行投資。
◎由於固定成本佔成本的一半以上，因此當景氣低迷時，廠商即透過低價銷售，以維持工廠繼續生產。

有關這些經營課題，我將在第五章作更進一步說明。

(4) 苦惱與希望共存的特性

半導體產業雖然有許多令人苦惱的情事，但是這些苦惱通常也是希望的種子。茲舉例如下：

《半導體的苦惱情事》	《希望的種子》
▽生產變動大。	↓有擴大市場佔有率的機會—變動即是商機。
▽價格下滑。	↓市場將更形擴大—滲透市場的腳步將加快。
▽設備投資龐大。	↓事業不易動搖—無法輕易外移國外。
▽國際問題的導火線。	↓培養國際觀—不僅要從內往外看，也需從外往內看。
▽技術革新一日千里。	↓永遠不缺商機—革新即進步的證明。
▽何者要標準化、何者要差別化。	↓降低成本要從標準化著手、提高價格則要從差別化開始。

▽硬體和軟體，何者重要。　↓兩者應平均發展—硬體最好佔有GDP
（國內生產毛額）的百分之三十。

(5)三大難以理解的問題

對不曾在半導體業界工作過的人而言，下面三個問題似乎很難理解。

【一】為什麼有所謂的「良率」？

當我還在第一線時，土光敏夫社長（其後擔任日本經團連會長）就對良率非常囉唆。

當他說「如果連顆合格品都作不出來，那就是設計有問題。如果作得出一顆合格品，那生產線就用同樣的方法作個一百顆」時，我可眞敗給他了。

時至今日，隨著元件的集積度相繼提高，良率成爲非常重要的課題。

被外部問及良率時，因爲不能直接了當地公開實際數字，所以我總是用壽司的等級來比喻。

亦即，如下所示：

▽梅　良率～百分之三十

▽竹　良率　百分之三十～百分之六十

▽松　良率　百分之六十～百分之九十

▽特級松　良率　百分之九十～

成熟產品的良率通常都達到「特級松」的水準。但是每當新產品開發時，就得經歷從「梅」等級起步，不斷嘗試錯誤，往上提高良率的痛苦過程。

【二】為什麼預測那麼不準？

在東芝種類繁多的業務當中，重電部門的實際業績總是和當初的估算相去不遠。然而半導體部門的實際業績要不就是大幅超出當初預期，要不就是遠較當初預估低，因此每每不被會計部門的人員所信賴。

【三】為什麼那麼花錢？

即使高聲吶喊「研發非常重要、半導體產業是設備產業」，一般人還是很難理解，爲什麼半導體的投資額要比其他事業高出兩位數或三位數。

特別是當事業虧損時，雖然要求經費的一方，必須使出渾身解數說服，但是下判斷的最高決策者，想必也須下極大決心。

(6) 半導體具有開發市場的活力

半導體市場有以下兩個層面。

其一是「市場導向」。亦即市場會帶動半導體發展。

其二是「種子（seeds）導向」。亦即半導體本身會逐步開拓市場。兼顧這兩個層面的經營，特別是組織營運極爲重要。

此外，我們也不可忘記不景氣時，半導體產業的另一面向，即當景氣愈低迷時，人們就會積極運用半導體，力圖進行市場革新、差別化。

四、半導體業的經營指南

由前述半導體半世紀的發展歷程、半導體及半導體產業的特徵，我們應該將以下四個項目所列舉的事項銘記在心，作爲經營這個產業時的指南。

(1) 邁向二十一世紀有三大課題

◎在龐大的研究開發投資、生產投資當中，如何貫徹現金流量經營？

◎在單打獨鬥型事業愈見消退，如何推動跨國策略聯盟合作？

◎半導體產業已不再侷限於日美歐三個地區，而已擴及韓國、東南亞各地，處身其中，該如何維持競爭力、立於不敗之地？

(2) 半導體產業有四大矛盾

◎大幅跌價　VS　利潤確保

◎標準化　VS　差別化

◎硬體　VS　軟體

◎全球性　VS　貿易摩擦

(3) 邁向二十一世紀有五大疑問

◎半導體技術是否仍將持續更新？

◎即使年年有波動，半導體的市場需求是否仍將持續成長？

◎半導體的價格是否依然年年不斷下滑？

◎是否應停止生產標準規格的半導體產品，改而集中生產客戶訂製型產品？

◎半導體事業是否有利可圖？

只要該做的部分都確確實實地做了，這些問題的解答將會自動出現。

(4) 對日本而言，半導體產業是不可或缺的產業

◎半導體產業未來每年仍可望保有兩位數的成長率。

◎半導體是產業之米、資訊化社會的旗手。

◎半導體是電子業的精髓。

◎半導體是國際問題的導火線，同時也是解決國際問題的關鍵。

◎對技術立國的日本而言，半導體是最適合發展的產業。

希望我們能先有這些經營觀，然後再來思索如何實際展開事業。

五、箴言篇

長年經營半導體事業，使我了解到半導體事業的許多特色，我嘗試用生活中一些經驗，來說明我個人的體會，也希望能對讀者有所幫助。

● 「人類希望半導體能為自己代勞」

人類總是不斷發明能為自己代勞的機器，好圖個輕鬆。蒸汽機代理手、腳的功能，而半導體則代為行使頭腦、眼睛、嘴巴等智能方面的工作，不過半導體的能力還差人類一大截。

● 「半導體是有基本旋律的流行歌曲」

表面上像流行歌曲一樣起伏劇烈，但是，不管是需求或技術，都有其市場上的基本趨勢。

● 「半導體是極微（micro）與巨大（macro）共存的事業」

不僅技術要追求超微的極致，市場行銷（marketing）和經營也都必須做到無微不至、周到的考慮。同時，大規模投資、全球性策略、合作策略等總體思考也極為重要。

套句圍棋的術語就是「大局著眼、小局著手」。

● 「半導體對工程師是天堂、對經營者是地獄」

第三章

半導體事業的技術革新

DRAM具有每三～四年即進行一次世代交替的特性，而每進入一個新世代，設計法則即隨之縮小、集積度亦隨之提高。此外，即使稱霸一個世代，前方仍有更高的山脈，因此必須不停地挑戰下去……

四十多年的半導體生涯，看著半導體成爲眾所矚目的明星產業。雖然市場需求起伏變動劇烈，但投注龐大開發和設備資金的東芝公司，仍能以半導體事業本部爲中心，在先進製程的基礎開發、產品短期試製上，發揮強大威力；並與歐洲西門子、美國摩托羅拉合作聯盟，發展出與國外半導體大廠進行競爭、合作、互補（CC&C）的策略。

一、「技術革新」向半導體看齊

1. 微細化技術究竟會發展到什麼地步

微細化技術究竟會發展到什麼地步？四十多年的半導體生涯中，我也從未想過微細化技術會如此毫無止境地進展下去。當拷貝電路圖案（pattern）的步進機（stepper）出現之際，根本無法想像這種昂貴、效率差的機械，有朝一日會成爲半導體設備的主軸。

取代光步進機的X射線距離商品化爲期尚遠，因此利用光進行照相蝕刻的時代，亦即，步進機的時代，看來仍會持續好一陣子。以DRAM而言，一九九七年進入量產的64M晶片，事實上含有一億三千四百萬元件，相當於日本的總人口數。這等於是把所有健康的日本人，放進縮小成日本國土面積的二十四兆分之一、對角十三毫米的晶片裡，其精細超乎想像。

類似這樣的微細化技術發展，不知究竟會持續到何時（圖2.1）？

此刻，若冷靜觀察半導體元件的結構就會發現，厚度五百微米左右的矽基板（silicon substrate）中，用以作爲元件的部份，只有上層十微米左右。

要在這僅僅十微米左右的部份塞進一億個以上的元件，不會太過勉強麼？

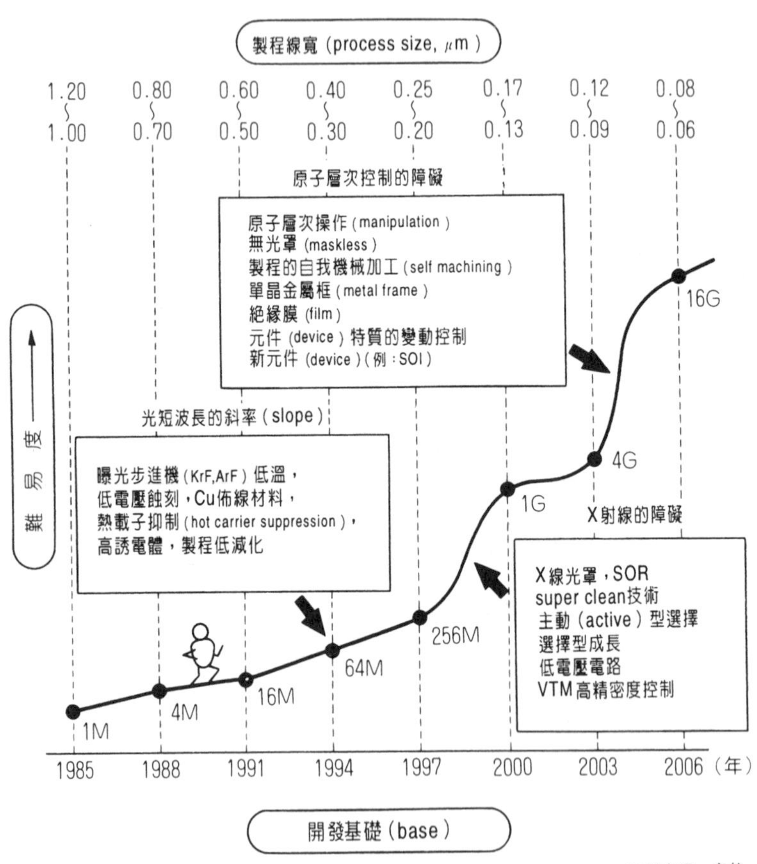
製程線寬 (process size, μm)
1.20 ~ 1.00
0.80 ~ 0.70
0.60 ~ 0.50
0.40 ~ 0.30
0.25 ~ 0.20
0.17 ~ 0.13
0.12 ~ 0.09
0.08 ~ 0.06
原子層次控制的障礙
原子層次操作 (manipulation)
無光罩 (maskless)
製程的自我機械加工 (self machining)
單晶金屬框 (metal frame)
絕緣膜 (film)
元件 (device) 特質的變動控制
新元件 (device) (例：SOI)
光短波長的斜率 (slope)
曝光步進機 (KrF,ArF) 低溫，
低電壓蝕刻，Cu佈線材料，
熱載子抑制 (hot carrier suppression)，
高誘電體，製程低減化
X射線的障礙
X線光罩，SOR
super clean技術
主動 (active) 型選擇
選擇型成長
低電壓電路
VTM高精密度控制
難易度
1M
4M
16M
64M
256M
1G
4G
16G
1985
1988
1991
1994
1997
2000
2003
2006 (年)
開發基礎 (base)

資料來源：東芝

圖2．1 微細化的變遷

我認爲，若要把集積度再往上提昇，應該從立體使用矽基板的方向，尋求解答。換句話說，應該設法看看是否能把元件逐步立體地堆疊而上。若從這個觀點來考量，絕緣層上有矽（SOI，silicon on insulator）或許不啻爲一解答。

最後應會發展爲分子結構，不過，在下世紀後半，就像動物的大腦已有實例般，半導體或許也會進入生化晶片（bio-chip）的時代。

2. 半導體邁向二十一世紀

(1) 高集積度記憶體

《64M DRAM》

64M DRAM時代應該會比預期提早到來。而促成64M DRAM時代提早來臨的因素主要有：筆記型電腦的普及、筆記型電腦功能提昇促使內藏記憶體有增加之必要（從8MB增加爲32MB）、近來的位元單價下跌趨勢等。Dataquest預測，64M DRAM的供應量將會以如下速度成長：

△一九九六年為一年七百萬個。

△一九九七年為一年六千五百萬個。

△一九九八年將會達到一年三億四千萬個。

包括東芝在內的全球數家半導體廠商，已建立好量產體制。最初的設計法則或許是採用0.35微米，不過，由於目前預設一個二百美元左右的價格，無法和16M DRAM的位元單價相抗衡，因此其價格勢必會被迫降至一百美元以下。爲因應此需求，原預計開發256M DRAM時才實用化的0.25微米技術，將成必要。而無庸置疑地，此階段將邁入使用激光雷射的步進機，以及CMP（化學機械研磨法）—元件表面平坦化技術—之領域。

《256M DRAM/1G DRAM》

當下世紀來臨時，記憶體將走過256M DRAM，進入1G DRAM(十億位元)時代。1G DRAM相當於把四千頁報紙的資訊量放進一顆晶片內，其容量之大，絕非以往的記憶體所能比擬（圖2.2）。

(2) **邏輯線路混合DRAM**

半導體本身就是電子機器的電路之「系統整合晶片（system on chip)」，乃多媒體機器的強烈要求，然而，若要開發合乎此要求的產品，半導體廠商必須同時具備記憶體技術和邏輯技術。就這點而言，日本廠商較國外廠商佔優勢。

邏輯線路混合DRAM能帶給客戶各種好處。例如，可以提高系統功能（成爲以往的四倍）、降低耗電量（成爲以往的二分之一）、削減電路板所佔空間

（成爲以往的四分之一）、改善雜音等等。另方面，對半導體廠商而言，客戶訂製型的特性增強，可和客戶維持永續的關係。此外，由於發展爲系統整合晶片，因此還有面積較以往大幅縮小，透過有效活用矽將可提高附加價值等其他優點。展望未來發展，一般預料，大容量記憶體將會以個體型態，中容量至小容量記憶體將會以和邏輯線路混合的方式，各自拓展出生存之路。

此外，一般認爲，一九九七年以後，這類DRAM ASIC市場將會以100％的年成長率迅速成長（圖2.3）。

3. 半導體製程技術向前衝

迎接二十一世紀的到來，此期間應解決的半導體製程技術，則如下所介紹。

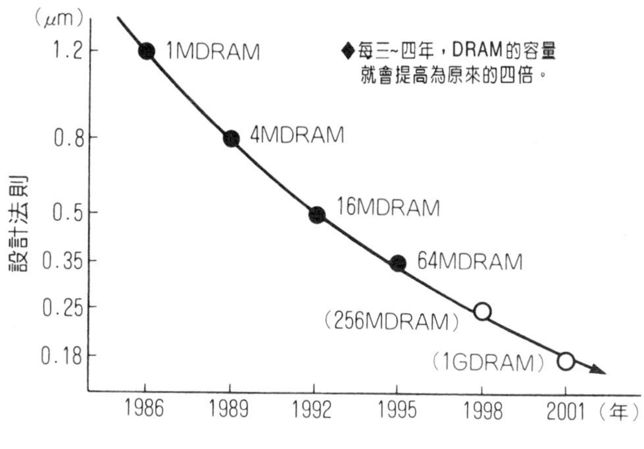

圖2・2 DRAM的歷史

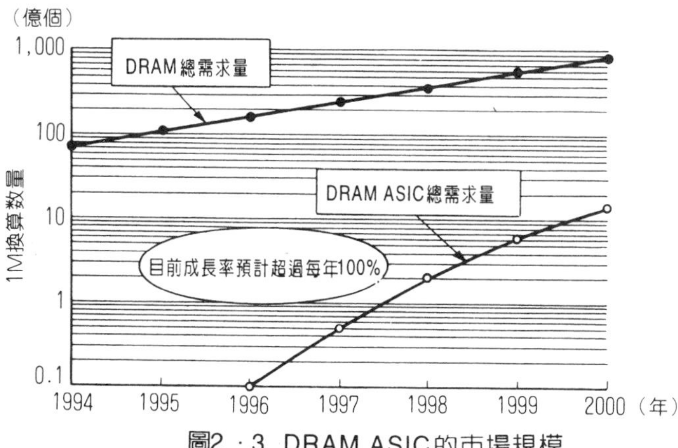

圖2・3 DRAM ASIC的市場規模

(1) 矽晶圓的大直徑化

擴大半導體基板——矽晶圓直徑之趨勢，從以前就不曾間斷。當我還是個開發矽電晶體的工程師時，矽晶圓的直徑大概只有三十毫米左右，其後即逐漸發展爲四十毫米、七十五毫米、一百毫米，而最近的主流更達到二百毫米（八吋）。

促成矽晶圓直徑不斷擴大的原因包括：半導體元件本身面積擴大、爲增加昂貴的半導體設備之產出率（throughput），以及直徑愈大則周邊面積愈大，半導體晶片的切割數量也將隨之增加等等。無論如何，其目的都是爲了降低製造成本。

不管哪個階段，人們總說大直徑化已經到達極限，然而不斷往上擴充的趨勢，到現在依舊未曾間斷。

那麼，往後的發展方向又是如何呢？

目前，設備廠商正在開發支援三百毫米（十二吋）晶圓的裝置，一般咸認，在本世紀之內，主要半導體廠商將會建好試製生產線，並從下個世紀開始進入量產。再者，以下一代的四百毫米（十六吋）晶圓而言，目前矽廠商正著手開發材料，一般預測，大概要等邁入下一世紀，並過五至十年以後（亦即，公元2005～2010年），才會開始量產。

至於五百毫米以上的晶圓則由於：維持大面積晶圓表面的平坦化有其困難、等質性的問題，以及材料價格、設備價格上昇等因素，使得半導體元件的成本未必眞的可以降低，因此，預料到某個階段時，大直徑化將會到達極限。

(2) 無塵室的演變

生產半導體的歷史正如一部對抗垃圾的戰鬥史。爲此，稱爲clean room的高度無塵室乃半導體產業的象徵。從以前至今，業界也花了不少工夫在改良無塵室的結構上，最開始採用大房間方式（維持整個工作場所無塵），其後發展出機架（bay）方式（配合所需乾淨度水準，把大房間作區隔），接著更進展爲隧道（tunnel）方式（設置僅供矽晶圓通過的無塵隧道）等。

其中，大房間與機架方式雖可彈性因應製程的變更、追加，但是營運成本（running cost）較高。此外，隧道方式則由於是局部性的清潔（cleaning），故效率較高，不過，卻有缺乏彈性的缺點。

近來，以東南亞爲中心日趨普及的「迷你潔淨室（mini environment）」方式，初始成本（initial cost）雖較以往略高，不過，不管是灰塵管理、氣氛控制等，都比傳統方式略勝一籌，因此將會是往後無塵室發展的一個方向。

(3) **曝光技術是否有革新?**

照相技術乃如同LSI一樣，讓許多元件在一顆晶片上構成的關鍵。爲了提高照相蝕刻的精密度、改善效率，工程師花費了極大的苦心和努力。目前最常用的乃稱爲步進機，亦即，把電路的圖案（pattern）一格一格地拷貝到晶圓上的方式，而步進機的光源也和電路的微細化一樣，受到各種改良，目前最先進的是利用激光雷射光源。

此外，未來還有更先進的X射線，不過還要耗時甚久才能開發成功。毋寧說，局部使用EB電子束（electron beam）的方式，或許會早一點實現。

(4) **CMP技術的引進**

CMP技術即chemical mechanical polishing，乃製作高集積度元件所不可或

缺的元件表面平坦化技術。此技術在0.35微米～0.45微米設計法則被採用的當時，即被引進生產記憶體元件和邏輯元件，更有甚者，一般認爲，其乃使用0.25微米以下微細加工技術之64M DRAM、256M DRAM所不可欠缺。

爲此，半導體廠商競相開發其製程，而半導體生產設備廠商也競相開發高效率的設備。由於每座無塵室需要二十台以上，故其可說是未來重要的技術。

二、從DRAM的歷史中學習

1. 為什麼選擇DRAM

爲什麼全球的半導體大廠、多數新投入的廠商都要傾力開發DRAM？其理由可歸納如下：

（1）DRAM乃領導半導體技術的產品（technology driver）。

（2）DRAM乃半導體事業的指標產品。

（3）DRAM乃半導體國際化的先導。

（4）DRAM乃半導體事業的領導者。

（5）DRAM乃半導體事業的基礎。

（6）DRAM乃平均每一品種的數量、金額最龐大的半導體。

（7）DRAM乃量產品種中，單價最高的半導體（類似英特爾的微處理器之類的標準產品除外）

（8）DRAM乃需求成長最快速的半導體（位元成長率高達每年50%以上）。

DRAM雖是眾所期待的明星產業，但是在發展DRAM事業時，卻須面臨下述嚴苛挑戰。

2. DRAM產品每三~四年就會進行一次世代交替

DRAM具有每三~四年即進行一次世代交替的特性，而每進入一個新世代，設計法則即隨之縮小、集積度亦隨之提高。此外，即使稱霸一個世代，前方仍有更高的山脈，因此必須不停地挑戰下去（圖2.4）。

而每進入一個新世代，技術層次便更往上提昇、製程也變得更形複雜、開發成本也更爲昂貴。不過，世代間的附加價値差距遠大於技術落差，而這裡就存在著DRAM的生存之路。

3. 價格競爭激烈

持續數年的記憶體熱潮在一九九六年衰退、價格遽跌，不過，就這點而言，可說從以前就一直重複相同的模式。因此，如何領先其他廠商進行量產，如何在需求醞釀期、價格高檔之際賺取利潤，如何在高峰期降低成本、以期擴充產量，乃策略之所在。

一般而言，市場佔有率排名第一～第三的廠商，可以大賺一筆；排名第四～第五的廠商，只能不賺不賠；排名第六以下的廠商，處境就較艱難了。

一般認爲，DRAM的magic price是十美元，當某世代的記憶體低於此價格時，下一世代的產品就會迅速竄起（表2.1）。

4. 當記憶體不景氣時

當記憶體供過於求、獲利惡化時，公司內外必定會同時掀起對半導體產業質疑的聲浪，並興起「應放棄記憶體，改作客戶訂製型ＩＣ」之類的論調。

以一九八五年～一九八六年及一九九一年～一九九二年這兩段景氣低迷期

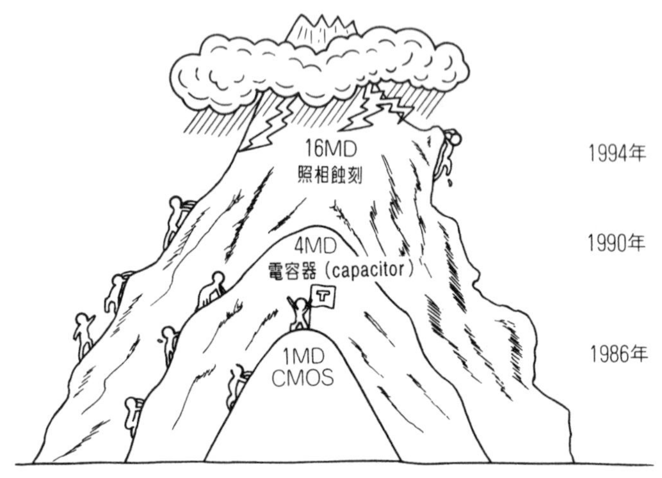

圖2．4 DRAM山脈

表2．1 單價演變（日本樣本）

	量產開始時	1年後	2年後	3年後	4年後	5年後	6年後	7年後
256K DRAM	83/7月	84/7	85/7	86/7	87/7	88/7	89/7	90/7
	10,000円	5,000円	570円	500円	320円	350円	370円	300円
1M DRAM	85/11	86/11	87/11	88/11	90/11	91/11		
	18,000円	3,000円	2,000円	2,000円	700円	(500) 円		
4M DRAM	89/2	90/2	91/2					
	40,000円	6,600円	3,000円					

間來看，「技術的極限」、「過度投資」、「高集積化不要論」等議題是最常見的言論。

可是，當下一波記憶體熱潮來臨時，這些論調就銷聲匿跡，取而代之的則是「矽週期將不再來」等「記憶體至上論」。

無論如何，如何在景氣繁榮時、景氣低迷時都能掌握經營的方向，才是發展記憶體事業的關鍵。

5. 東芝為什麼在1M DRAM上獲致成功

過去在記憶體產業絕對稱不上一流廠商的東芝，爲什麼在1M DRAM獲致成功，並躋身於全球一流半導體廠商之林？有關東芝成功的故事，我曾在一九八八年整理成一篇短文「佔有率第一的1M DRAM事業」，茲將其全文介紹如下：

在東芝半導體事業三十多年的歷史中，曾孕育出無數暢銷商品。這些暢銷商品包括漂移電晶體（drift transistor）、矽威力電晶體（silicon power transistor）、CMOS邏輯……等。但是，若從營業額、獲利規模、國際普及度、提高知名度等眾多面向上對東芝的貢獻而言，則沒有一項產品可以和1M DRAM相提並論。1M DRAM使東芝每月賺取鉅額利潤，預計這種狀況未來仍將持續一段時間，此外，其亦提高全球對東芝技術水準的認識，也對股價造成影響。即便從整個公司的角度來看，也都可說是誕生了一項難得一見的「明星產品」。

而且，1M DRAM熱賣，並非一個人、一個事業部、一個研究所單獨的成果，事實上，可說是凝聚了東芝高層、員工（staff）、研究所、半導體出口部門、半導體事業本部，以及相關事業部門等全公司上下力量所造就出來的成果。

一九八一年歲末，當某報頭條出現「東芝放棄量產記憶體，三強鼎立局面瓦解」這一聳動標題時，相關人士莫不感到錯愕。雖然事實和報導有極大出入，不過，當時不管在技術、佔有率、或國際化等層面，東芝的半導體的確並非一流。

自此之後，高層、工作人員、半導體相關人員即凝聚一體，竭力規畫各種行動，企圖捲土重來。W作戰、新W作戰即是最具代表性的計畫。然後，策略奏效，一九八二年東芝一飛沖天，超越了日立，進而躍升今日與NEC爭奪世界龍頭寶座的地位。以DRAM領域而言，東芝在64K DRAM雖只是三流、在256K DRAM雖只是二流，但是，在1M DRAM卻囊括了全球50%以上的市場佔有率，奪得第一的寶座。

當經營、技術、銷售、製造團結一體，凝聚乾坤一擲的力量時，我東芝將可發揮驚人威力，1M DRAM的成功即是最佳證明。

●從經營的觀點而言

半導體事業是推動電子產業發展的原動力，東芝全公司的關鍵零組件，這是無庸置疑的。但是另一方面，半導體事業同時也是變動和變革的事業，市場需求起伏劇烈，且需要龐大的開發投資和設備投資，經營上極不穩定。爲此，過去世界的經營者皆曾多次對此事業表露「躊躇不前」的態度，預料這種迷惘今後也不會消失。不過，幸而東芝的高層對這個新興事業理解極爲深入，同時各階層的經營方針也一致認爲應配合發展，這點是其他公司所沒有的。

以下就是一些與1M DRAM有關的經營決策佳例。

1. 作戰（其後成爲新W作戰）

W作戰乃一九八二年六月，在當時的佐波社長、西島副社長領導下，眾多公司同仁的支援下，以半導體事業本部爲中心，開始實施之計畫。W作戰的意義乃指，在世界（WORLD）半導體產業，贏得（WIN）勝利；同時也是發展爲成功的事業，以對東芝的營業額、獲利有巨大貢獻（VICTORY），以及對東芝的系統事業提供作爲關鍵零組件的價值（VALUE）等兩個V的組合，簡言之，亦即超越眼前的競爭對手。

除了積極投入公司的貴重資源之外，更具體實踐擬定的國內外策略。W作戰後來在渡里社長之下變更爲新W作戰，並在現任青井社長的領導下，成爲全公司的三大專案之一，持續推行著。

2. 在綜合研究所（現ＵＬ研究所）建設超ＬＳＩ技術開發實驗室

綜合研究所係一九八二年建設，由於有半導體事業本部協助營運，所以能在先進製程的基礎開發、產品短期試製上，發揮強大威力。其建設可說是高層最明智的決定。

如果沒有綜合研究所，將沒有今日的東芝。

3. 在大分建設先進無塵室

一九八四年在大分動工建設Ｃ３無塵室（電腦控制無塵室），作爲量產百萬位元記憶體的據點。此無塵室的理念爲，建構包羅設定生產1M DRAM的設備生產線、生產管理、in-process、QC(Quality Control)等技術範疇的CIM(電腦整合製造)，對目前生產1M DRAM貢獻極大。

4. **與國外重量級半導體廠商策略聯盟**

爲了解決、因應貿易摩擦等半導體事業所涉及的複雜國際問題，東芝乃以記憶體爲主軸，發展出和國外半導體大廠進行競爭、合作、互補（CC&C）的路線。換言之，東芝和歐洲西門子、美國摩托羅拉之間的合作聯盟，堪稱國際化時代的典範，獲得相當高的評價。

除此之外，東芝也成功地在培育第二個供貨源（second source）方面，讓顧客更安心。

5. 打先鋒的宣傳活動

若要領先其他廠商，讓記憶體等國際標準品普及，宣傳活動也極爲重要。一九八五年，配合營業、技術方面的宣傳活動，東芝積極向媒體說明，從次年度開始，將建立月產一百萬個1M DRAM的生產體制，藉此展現東芝的實力，並力圖開拓市場。

●從技術的觀點而言

想要發展類似記憶體這樣，每四～五年即有一次世代交替，且經常追求超先進技術的事業，必須掌握前瞻性的技術趨勢。幸而和其他公司相較下，東芝在發展先進技術上，極爲順利且領先在前。目前1M DRAM正由大分廠量產，而下世代的4M DRAM則正由半導體技術研究所進行最後的開發階段，UL研究所則刻正進行下下世代的16M DRAM之研究。

創業公司（venture）之所以無法在短期內匯集人力和資金，將百萬位元記憶體事業化，理由即在此。此外，這也是爲什麼對重視研發的東芝而言，此事業可說是最適合不過的事業之因。記憶體技術對其他半導體元件的技術發展影響深遠，因此被稱爲技術驅動器（technology driver），其乃是所有半導體廠商所不可或缺的基礎技術。

在發展1M DRAM的過程中，東芝開發了無數令人矚目的技術，茲舉例如下：

1. **選擇CMOS新電路**

256K DRAM以前的DRAM，主流爲NMOS。本公司則率先看清CMOS的優勢，並採用之。再加上新的發明、引進，開發出其他廠商難望項背之低耗電量、高速元件。

緊守NMOS不放的其他廠商，爲此落後本公司一年以上。

2. **採用平面結構電容器（capacitor）**

DRAM係由組合電晶體和電容器而成的cell（核心單元）所形成之電路所構成，微細加工領域的電容器結構通常被迫從平面方式或溝漕（trench）方式兩者中，選擇一種。從可以轉用256K DRAM生產線、溝漕技術尚未成熟等兩個層面來看，本公司選擇採用平面方式之舉，可說是比其他公司早日進行量產的最大理由之一。

3. **佈線材料使用特殊金屬**

1M DRAM乃是，在一顆晶片上，由全長達十公尺的1.2微米寬之金屬線路所形成。假使每個月生產四百萬顆，則線路的總長度將長達地球一周，而即使在嚴苛的使用條件下，這些線路也不能有個地方斷掉。在製程工程師日以繼夜的努力下，本公司直到量產開始後，方得以解決此問題。

●從營業的觀點而言

不管什麼情況，推銷新產品總是要煞費一番苦心的。尤其本公司以往的DRAM產品並不是那麼受客戶好評，因此倍加辛苦。

一九八四年秋季，當業界還認爲1M DRAM是夢幻商品時，本公司已經帶著樣本，開始對美國的大客戶進行首度的技術宣傳活動（campaign）。

翌年的一九八五年，我們在日本、美國、歐洲成立銷售專案小組，一九八六年進行主要使用者的遴選，制訂了銷售數量、價格等基本營業策略。目前在產品極度缺貨的情況下，本公司之所以能和客戶維持信賴關係，完全是因爲堅持此既定策略所致。近來，我們開始選一些大客戶，與之訂定年度契約。

●從製造的觀點而言

當時利用生產主力產品256K DRAM的大分生產線量產1M DRAM，可說是種賭注。當最初的產品在相關人員的努力下，以相當水準的良率開始生產時，眞可說是令人感動。自此之後，迄今爲止，雖歷經品質、良率問題等無數波折起伏，但是在工廠人員凝聚一體、努力不懈下，總是能及時克服所有問題。

此外，從256K DRAM轉換爲1M DRAM、早期投入1M DRAM第二代產品、採用六吋大型晶圓等本部和工廠結爲一體的決策，皆極爲快速靈活。

大分廠十八萬平方公尺的廣大土地，轉眼間已爲廠房所佔據。其現在眞可稱爲全球第一的記憶體工廠而無愧。而且，爲了在一九八八年下半年開始量產新世代的4M DRAM產品，目前正積極準備當中。

●與相關企業合作無間

不談和相關企業（公司內部、外部）的關係，就無法瞭解東芝1M DRAM成功的因素。而這也是今後半導體事業所不可或缺的垂直分工的最佳例證。

1. 矽晶圓（O公司、N公司）

從開發1M DRAM之初，東芝便和這兩家企業共同研究氧氣濃度、表面平坦度（flatness）、污染等問題。

2. 藥品（W公司、H公司）

過氧化氫水的純度、其他藥品的低塵（dust）化。

3. 模型（mold）樹脂（東芝化學）

東芝化學和化學材料研究所共同開發了低應力樹脂（resin）。

4. **步進機**（N公司）

雙方就對準探測機制、倍率變動問題等，共同研究因應對策。

5. RIE（**德田製作所**）

共同開發使用特殊佈線材料的RIE（反應性離子蝕刻設備）。甚且，這些零組件、材料、設備也都自然而然地擴充了銷售管道，賣給東芝的合作伙伴西門子、摩托羅拉，各廠商共同分享了利益。

6. **難關**一九九六

一九九四～一九九五年乃記憶體的景氣高峰期。當時半導體之所以能有一年40％的成長率，主要乃拜DRAM繁榮景氣所賜。至於帶動DRAM蓬勃發展的原因主要如下：

▽以個人電腦為主的市場需求大幅成長

▽半導體投入係數增加

▽DRAM的多世代共存以及售價居高不下

然而，一到一九九六年，市場突然丕變，再次進入調整局面。出貨金額對訂貨金額比—B／B Ratio急遽下降，一九九六年一月之後甚至跌破1.0（圖2.5），短短幾個月時間，DRAM價格下滑爲原來的五分之一（圖2.6）。

導致DRAM價格暴跌的原因究竟爲何？這雖是「熱潮之後就是衰退」的矽週期歷史依然氣息尚存所致，不過，此次的原因主要如下：

◎視窗九五效果不若預期，尤其是很難安裝到現有的視窗3.1機種；且聖誕商戰銷售低迷。

◎為預期的需求所惑，廠商生產過剩。其中，尤以4M DRAM的FPM(Fast Page

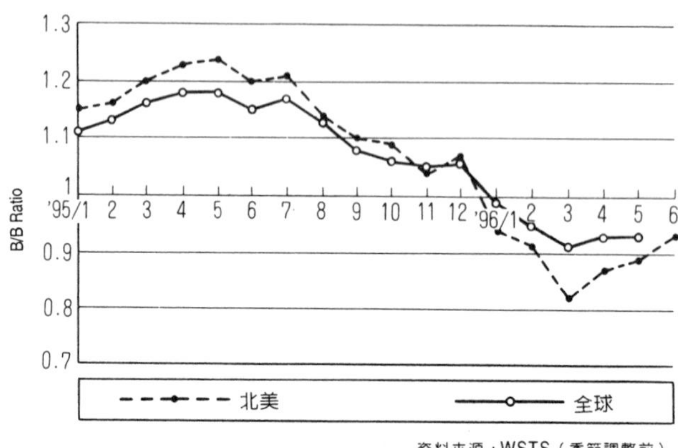

資料來源：WSTS（季節調整前）

圖2・5 B/B Ratio的變化

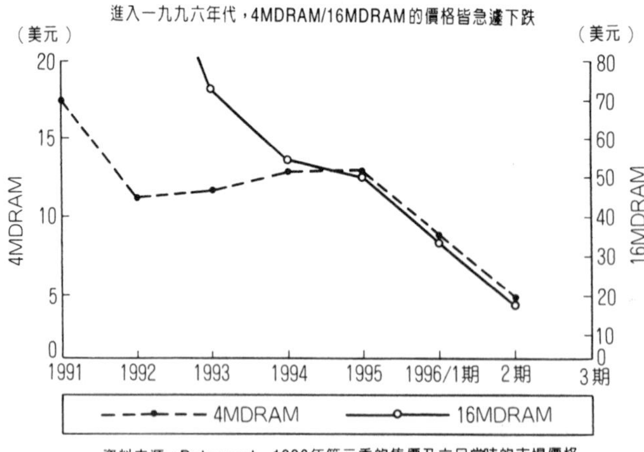

資料來源：Dataquest，1996年第二季的售價乃六月當時的市場價格

圖2・6 DRAM售價演變

Mode）庫存最多。包括東南亞的新興半導體廠商在內，廠商皆乘價格居高不下之勢，大幅擴張產能，以致生產過剩。

受上述因素影響，記憶體市場陷入低迷局面（較我預測的時期慢半年）。七月以後，主要個人電腦廠商的庫存大致恢復正常水準（一～兩個禮拜），此外，第三季以後，個人電腦的產量、記憶體的配備容量也同步轉向攀升局面，而記憶體的暢銷商品也迅速轉移到EDO、3.3V、同期式等種類。不過，售價依然維持下滑趨勢，而暢銷商品也依舊無法獲得較高的利潤。

有一種說法是，價格下滑趨勢必須待B／B Ratio超過1.1時才會停止，而時期大約是一九九六年第四季。

不過，受到1. 筆記型電腦需求擴大，以及筆記型電腦功能提高帶動64M DRAM提前問世；2. 16M DRAM等級產品中，和邏輯線路混合的晶片之開發、

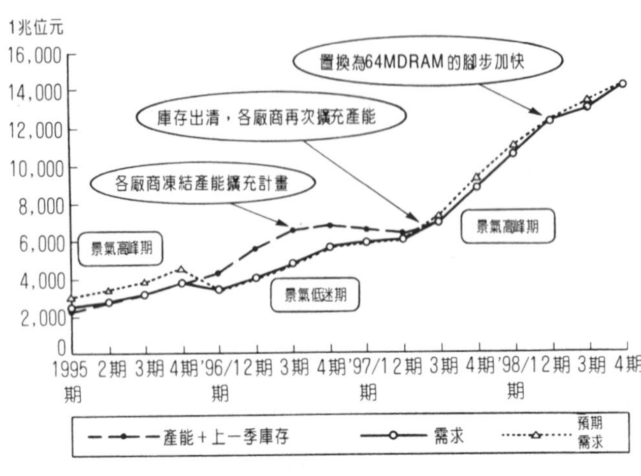

圖2．7　記憶體位元供需平衡

普及；3.記憶體不景氣導致廠商抑制設備投資，以及跟不上記憶體高功能化腳步的廠商退出等因素影響，記憶體的供需將可恢復平衡，並在一九九七年下半年之後，再次進入景氣高峰，年成長率可望高達兩位數（圖2.7）。

7. 未來記憶體發展的五個情境分析

迄今爲止，持續向眾多技術極限挑戰，並不斷革新的記憶體產品，未來的發展將如何？一般認爲，有下述五個可能方向。

【1】以目前微細化的腳步，持續開發技術，並進行實用化

容納電容器的結構有其極限嗎？

僅利用矽的表面部份作爲核心單元（cell）——效率太差。

↓多數工程師認爲，至少到二〇二〇年的兆位元（1012位元）時代爲止，技術開發依然會照目前速度前進。

【2】技術開發將會延緩，成長將會趨緩

雖然技術上的問題也是原因之一，不過最主要的理由或許在於，資源投入過於龐大等經營上的考量。

↓這意味著電子產業成長將趨緩。

【3】目前DRAM的材料面、結構面將產生革新

電容器用的高介電材料、超傳導材料等。

↓實現的可能性相當高。

【4】半導體記憶體可能會有其他的發展方向

不需電容器或能夠縮小核心單元面積的產品。

↓NAND型EEPROM最有希望。

【5】轉移到生化記憶體等截然不同的技術

以目前的狀況來看風險極高，不過現在已有人類的大腦等實物存在。

↓或許會在二十一世紀下半登場。

三、迎接多媒體時代

1. 何謂多媒體時代

多媒體時代具有以下幾個特點：

（1）電腦、通訊、消費（consumer）和媒體結合。

（2）資訊、通訊機器廠商和AV(Audio Visual)機器廠商攜手合作及相互競爭。

（3）資訊服務（報紙、電視、通訊等）領域變革、重疊，甚至攜手合作。

（4）電腦、通訊、消費領域等各種產業重新洗牌，並與資訊服務業整合。

（5）眾多企業投入此領域，導致過度競爭和市場混亂。

迎接此結合、融合時代的來臨，像東芝這樣的電子機器廠商，也必須全盤檢討本身的組織營運。自四年前，亦即一九九二年，本公司即領先其他廠商，將以往消費／產業用機器之區隔，變更爲個人資訊機器（包括電視機、錄放影機、個人電腦等在內）／產業用系統機器之劃分，此舉可說是當時的社長佐藤文夫先生的英明決定。

2.多媒體機器的image

機器的image也會如圖2.8所示，發生大幅變化。

換言之，就AV體系而言，除了傳統的產品功能將日益提昇之外，也將進行數位化，聲音和動態影像將會結合，並具有雙方向性。此外，以個人電腦體系而言，除了目前的個人電腦將朝輕薄短小方向發展之外，同時也會增加通訊功能，形成橫跨世界各地的網路。

以遊樂器體系而言，其功能將更爲提高，走向追求虛擬實境。以通訊體系而言，其天空、地面的服務線路（service line）將日益充實，並遍及世界各角落，達到「任何人」、「任何地方」、「任何時候」都可以傳播、接收訊息的境界。

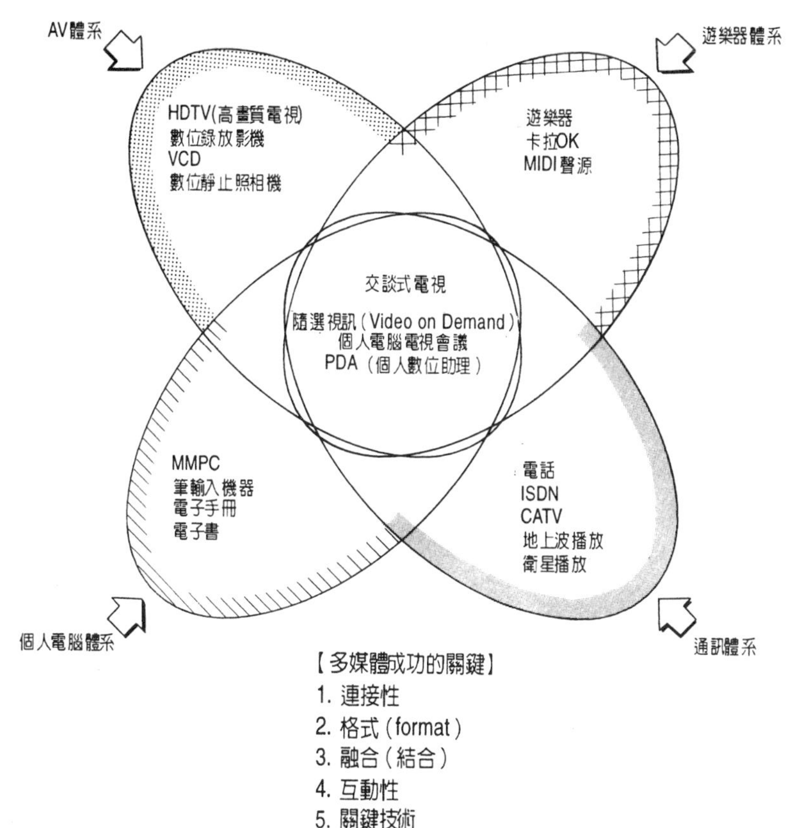
AV體系
遊樂器體系
HDTV(高畫質電視)
數位錄放影機
VCD
數位靜止照相機
遊樂器
卡拉OK
MIDI聲源
交談式電視
隨選視訊(Video on Demand)
個人電腦電視會議
PDA(個人數位助理)
MMPC
筆輸入機器
電子手冊
電子書
電話
ISDN
CATV
地上波播放
衛星播放
個人電腦體系
通訊體系
【多媒體成功的關鍵】
1. 連接性
2. 格式(format)
3. 融合(結合)
4. 互動性
5. 關鍵技術

圖2・8 多媒體機器的IMAGE

再者，根據Dataquest的預測指出，未來家用個人電腦將會朝著圖2.9所示的方向發展。多媒體機器市場規模在一九九五年雖只有六兆日圓，不過，一般預測，到公元二千年時，將會擴大至三倍以上，成爲十九兆日圓的巨大市場（圖2.10）。

3.多媒體與半導體

那麼，被稱爲多媒體之鑰的半導體，未來應朝哪個方向邁進？表2.2所示者乃半導體在技術方面的進步狀況，目前業界已經把改善這些特性充分納入考量之中（圖2.11）。而即便從「本世紀內」這個較短期的觀點來看，其市場需求也可望有大幅成長（圖2.12）。

4.期待的明日之星—DVD（Digital Video Disk，數位影音光碟）

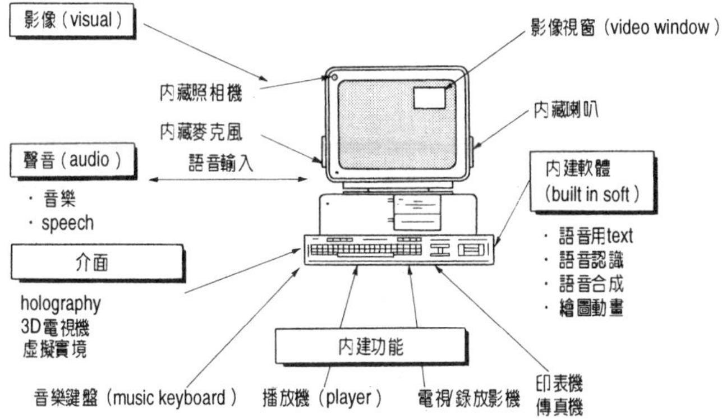

資料、文章、聲音、影像等各種資訊被組合、融合，醞釀出現實感，並配備有交談對話所需的介面。
資料來源：Dataquest

圖2．9 個人電腦的未來

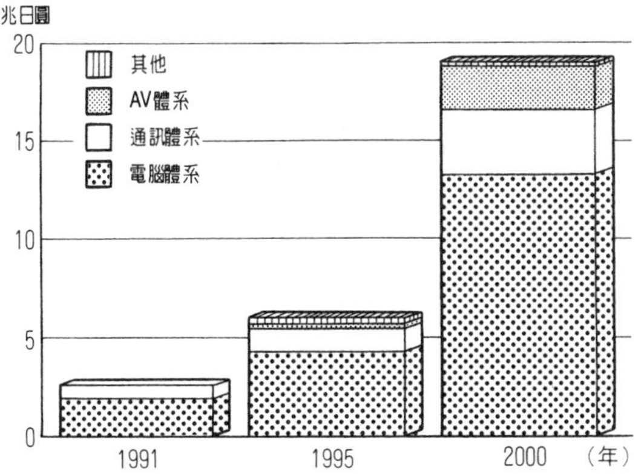

資料來源：日本電子機械工業會預測

圖2．10 多媒體機器市場

表2.2 邁向數位化的VLSI技術（單晶片解決方案）變遷

	目前	未來（2000年）
微處理器	50MIPS	1,000MIPS
壓縮技術	40Mbps→ 1.5Mbps（MPEG1）	6Gbps→ 60 Mbps(Hi-res)
D/A轉換	18bit,100KHz(audio) 8bit,60MHz(video)	18bit,100KHz(audio) 10bit,300MHz(video)
繪圖	150k polygon/s	6M polygon /s
積層device	16Mbit(Flash EEPROM) 16Mbit(DRAM)	1Gbit(Flash EEPROM) 1Gbit(DRAM)

1. 影像壓縮、解壓縮，以及3D繪圖控制卡
2. 高功能數位訊號處理器（DSP）
   及多媒體引擎（multi engine）
3. PDA engine/RISC core
4. 高帶域記憶體技術
   ·RAMBUS/同期式DRAM
5. 通訊及網路連接用LSI
6. DVD用LSI

圖2·11 多媒體相關技術

新世代的動態影像資訊儲存媒體—DVD，被稱爲本世紀最後的重量級商品。DVD爲直徑十二公分的光碟片，資訊容量相當於可儲存一部電影（單面儲存容量4.7GB）。雖然開發DVD的本意是作爲連接電視機的影像播放裝置，不過，DVD作爲個人電腦記憶裝置的潛力，反倒較令人寄予厚望。

一九九八年，在個人電腦的記憶裝置領域上，將會成爲CD-ROM和DVD角逐抗衡的局面（圖2.13），另一方面，以供這兩者使用的半導體產品而言，CD-ROM爲每台三百日圓，然而，DVD即使保守估計也會超過五千日圓，因此可望創造出巨大市場。除此之外，DVD當然也可應用於遊樂器、汽車導航系統等眾多產品上，一般預料，到公元兩千年時，全球的DVD市場規模可望擴大爲一億兩千萬台，即便未來市場沒有這麼大，以目前每一片DVD需要十三顆LSI來看，其對半導體產業而言，依舊是個巨大市場。

供多媒體/筆記型電腦使用的比例…1995年40.2%→1997年50.7%

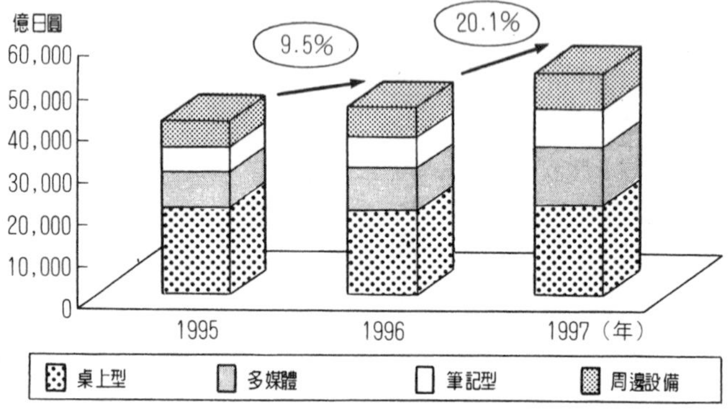

（註）多媒體個人電腦乃指，配備桌上型電腦內的3D繪圖等多媒體功能之個人電腦

供個人電腦/個人電腦周邊設備使用的半導體需求

在基地局日趨完善充實/加入人數增加等因素帶動下，PHS市場急遽擴大。
1997年，以PHS通訊系統為核心的新興市場也將大幅擴大

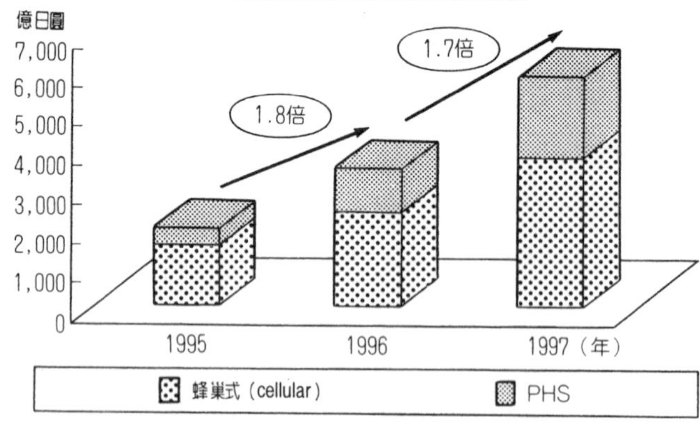

行動通訊用半導體市場需求

圖2．12 多媒體時代的成長市場

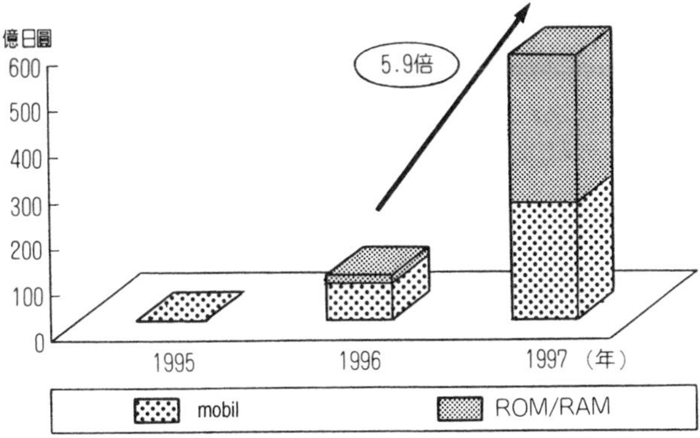

圖2．13 多媒體時代的成長市場

第四章

實現「創造的欲望」

「危險、辛苦、骯髒、薪資低」這些刻板印象，加上對都會型生活的嚮往、對金融、資訊新職場的期待，年輕人愈來愈不願從事製造業，可是，「製造」的本身正可以滿足人類實現自我、創造的欲望！唯有透過製造，才能發現工作的意義和目的！

一、創造的奧秘

我一進東芝，立刻被分派到收訊管（receiving tube）的製造現場，這種安排對當時大學畢業的技術人員而言，在心理上，也許可以算是一種「下放」。在學校中，我曾經跟隨東京工業大學的森田教授學習，而當時森田研究室在極超短波天線工程的研究可以說是最先進的，能在東芝從事通訊相關的技術研發，一直是我的夢想，結果竟被分派到製造現場，這對當時的我而言，實在是一大衝擊。

然而今日回想起來，剛踏入社會立即投身製造現場的那幾年，卻是絕無僅有的寶貴機會，在那裡我體會到生產對製造公司的重要，以及在工廠工作的人員是多麼地有使命感。

1.「製造」是一件有趣的事

後來，我雖然也曾從事技術開發的工作，不過大部份的時間仍是負責製造現場的管理。包括曾經擔任員工多達一千人的「超大課」的課長、東芝首次成立的LSI製造部部長、地方工廠的廠長等等，我的上班族生涯多半和「製造」共同度過。

在製造現場我體會到「製造」的五大樂趣：

(1)自我實現：

製造可以讓人類知性的一面——包括創造力和自我實現的欲望，獲得滿足。

(2)獲得成就感：

製造是努力、智慧和耐力凝聚的結晶，透過製造，我們所付出的一切都將獲得回報。

(3)鍛鍊群性：

透過個人能力和集團組織力的配合，可以鍛鍊我們的社會性。

(4)對國家的貢獻：

對國家缺乏天然資源、以技術立國的人們而言，製造是最重要的職場。

(5)和世界心手相連：

透過製造，我們可以和全世界的人心手相連。

2.「製造」滿足人類創造的欲望

人生總在追求著自我實現，關於自我實現心理的理論，最著名的是馬格雷的X理論和Y理論：

所謂「X理論」，認爲人類生性厭惡工作，工作是爲了賺取金錢；「Y理論」

則認爲人類是爲了追求自我實現，而主動努力工作。

如果你是屬於「Y理論」的信徒，那麼我可以告訴你：追求自我實現最直接的方法，就是創造，而「製造」的工作，正可滿足人類創造的欲望！就如SONY的前董事長盛田昭夫先生所說：「唯有透過製造，才能發現工作的意義和目的！」

3.二十一世紀的半導體製造

再談到半導體的製造，二十一世紀的半導體製造應朝哪個方向發展？我認爲可以歸納成以下三句話：

(1)追求更高效率的製造

雖然近來半導體已發展爲系統整合晶片，也就是說，半導體等於電子機器的電路，它的設計和軟體的重要性與日俱增，不過它的原點仍然在於製造——追求更高效率的製造！

(2)多世代產品同時生產

爲減輕投資負擔，應透過多世代產品的同時生產、展開廣範圍的製造，以追求經營的平衡。

爲延長昂貴生產設備的壽命，生產的產品壽命當然是愈長愈好，關於這部份，我在第六章中，會作詳細的說明。

市場並不只是要求最先進的產品。品質高、價格低、供應穩定的傳統產品也有一定的市場需求。而不管是哪一種產品，錙銖必較的嚴苛成本意識是有必要的。

但是從另一個角度來說，擴充產品的種類，培養更大的彈性來因應起伏不定的市場需求，對於製造業公司的體質也會大有助益。

所以，不斷的研發新產品，與維持高品質傳統產品的穩定供應，兩者是不相違背的。多世代產品的同時生產，可以達到經營的平衡。

(3)建構全球觀點的運籌管理模式

雖然「在貨幣低廉的地方生產產品、在貨幣昂貴的地方銷售產品」是經濟上的一個通則，並不限於半導體產業，不過，屬於全球性商品的半導體，它的製造基地尤其應該從全球的觀點來考量，放在最適當的地方。

最好能做到將成本、和市場的距離、產業基礎設施、政治經濟等多項條件，全盤納入考量，真正達到全球性的運籌管理。

二、讓年輕人回到製造業

1.年輕人為什麼不喜歡製造業？

年輕人不願從事製造業，不只是日本的困擾，更已成爲所有先進國家的共同問題。製造業之所以不受年輕人歡迎，大概有如下幾個原因：

（1）對「三K」（危險Kiken、辛苦Kitusi、骯髒Kitanai——以上爲日語英譯）職場的刻板印象。

（2）薪資低。

（3）對都會型生活方式的嚮往。

（4）對金融、資訊等新職場的期待。

泡沫經濟全盛的時期，我聽說母校的大學畢業生有八成以上選擇到非製造業就職，不禁感到擔憂。當我憂心忡忡地前去造訪校長時，沒想到校長當場要求我「向學生說明製造業的重要性」，我只好當起臨時公務員，花了兩個小時向學生解釋「製造業對日本是如何地重要」。

雖然學生們都很認眞地聆聽我的演講，但是就在演講即將結束之際，有位學生站起來，手上拿著求才公司發的「起薪一覽表」，訴說製造業的薪水比起銀行或證券公司有多麼低，面對這位學生的投訴，我感到無言以對！

其後，隨著泡沫經濟破滅，年輕人背離製造業的傾向有較大的改善，不過，那是經濟因素，在根本問題上，「製造」對年輕人仍沒有足夠的吸引力。

2. 吸引年輕人回歸製造

那麼，究竟該怎麼做，才能吸引年輕人踏入製造業呢？

1. 改善薪資、工作時間以及工作環境

以半導體業而言，過度乾淨的作業環境，往往導致人的抗拒感，那麼就應

該加強薪資、工作時間等條件，吸引年輕人加入。

2. 訴諸創造欲望

應訴諸人類有創造欲望、渴望自我實現的本能，喚起年輕人對製造的興趣。

3. 從教育宣導

不論是企業內部、學校教育、甚至家庭教育，都應該教導後輩，讓大家瞭解製造的神聖。

資源貧瘠、國土狹小的日本，如果要在國際、經濟社會中維持先進國的地位於不墜，除了技術立國之外，別無他途！此外，我們也不可忘記，如果沒有製造業是不可能讓日本一億多人口豐衣足食、不虞匱乏的。

三、經營半導體業的九大箴言

從我個人投入半導體業數十年的經驗，我把經營半導體工廠需注意的事項歸納爲九項要點：

1. 投資必須有前瞻性

至少在擬定計畫之際，眼光必須看到實現後三年的狀況，並據此進行設備機種的選定、規模的設定。

2. 投資必須有一貫性

不要爲矽週期所左右，而應遵循基於長遠觀點所擬定的策略，並且要能堅持。甚至，在景氣低迷時進行投資，成功的機率反而高。

3. 生產線必須靈活有彈性

生產線應盡量做到足以因應技術革新、產品變動、需求變動等情況。

4. 生產、作業、製程管理應運用電腦

即使只生產IM DRAM，晶片製程的製程數就有一二五項、設備種類有七〇項、影響良率的因素則有一五〇〇項。而生產256M DRAM時，製程數則約四〇〇項。在進行生產、作業、製程管理時，利用電腦進行的CIM（電腦整合製造）是不可或缺的。

5. 與其講求連續一貫方式，不如追求單一製程（unit process）的高度化

半導體製程技術日新月異，不斷提昇、不斷變更。而一講到提高效率，生

產技術部門就會聯想到採用「連續一貫方式」，然而，至少對技術經常更新的前製程而言，這種想法是很危險的。

我曾聽說，以前有個半導體公司在設定矽晶圓直徑爲五十毫米的假設下，建設了超高效率的生產線，結果等到生產線完成時，矽晶圓的主流已經發展爲七十五釐米，而生產線也就完全派不上用場了。

6. 開發主要先進設備的關鍵，在於和卓越的供應商共同合作

在設備和製程結爲一體的今日，與供應商合作這一點愈來愈重要。一流的設備廠商也在尋求這種垂直分工的合作關係。半導體發展的一個關鍵是，不是樣樣都要自己製造，而是要透過一流企業彼此策略聯盟，創造出新的設備。

擔心know how流出，而奉行秘密主義、暗地裡偷偷摸摸發展——這種作法

正是阻礙技術進步的重要原因。當然，即使有參與開發的伙伴先享受之優先權（priority），還是應廣泛尋求各方的意見和技術。

7. 莫忘半導體的營運成本（running cost）遠超過初始成本（initial cost）

在產業裡，因對初期投資過度敏感，以致不免想在降低營運成本上施以各種精神壓力，這是人之常情。不過，半導體這個行業的特性，良率的影響遠比設備投資金額大上一位數左右。換言之，即使投資金額會因而增加，仍應以提高良率爲重。

東芝的「大分工廠」在建設之初，就計畫引進超純水裝置，不過卻因爲價格過高，未獲允許。後來事實證明，引進超純水裝置後良率大幅提升，而所帶來的利益，更遠比設備負擔多很多。

8. 禮遇製造技術人員

在製造過程中，技術人員通常只負責整個巨大、冗長流程中的一部份，最後成果是團隊共有的產物，因此很難凸顯個人的成果或是將個人成果寫成報告。

爲此，管理者必須張大眼睛觀察，並盡力做到讓技術人員的努力和成果能受到公正的評價。

9. 追求製造與技術融合

當東芝把半導體技術轉移給國外時，那家公司多位擁有博士學位的工程師並不像日本的工程師一樣，進到無塵室裡面，不斷觀察作業的狀況。他們不接觸實物，只根據顯微鏡照片或電腦打出的資料，討論良率的光景。

對他們而言，所謂製造應該要在文獻（document）規定的環境下，依照文獻的規定進行，如果沒有依照規定進行，那是現場監督人員或作業員的責任，技術人員不應出面干涉。然而，對技術發展一日千里、設備和製程也不斷更新並日趨完備、甚至在開發途中就不得不邁入量產階段的半導體製造而言，這種關卡重重的官僚組織是行不通的。

四、日美製造風格比較

1. 金字塔型與陀螺型

雖然因公司而異，不過，就工廠的結構而言，大體上來說，日本爲金字塔型，美國則爲陀螺型（圖3.2）。

以日本來說，作業員、經營者、技術人員等關係緊密牢靠，而美國的工廠

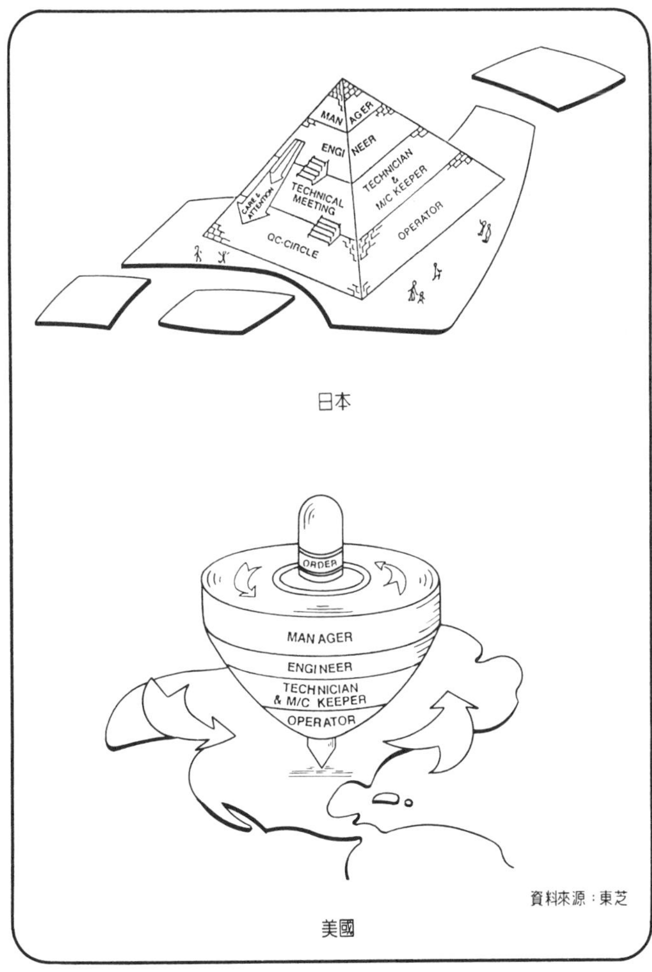

圖3·2 日美製造風格比較

結構則屬於由上而下（Top Down）型。就日本模式而言，高層主管到作業員之間的階層意識薄弱，但是美國模式則不然，階層之間可能會出現藩籬。

換句話說，日本的作業員屬於透過小團體活動，積極參與業務的類型；相對的，美國的作業員雖然忠實履行被交付或形諸文字的決定事項，但是卻不做未決定或未形諸文字的事情。

這種差異造成在新產品的開發速度上，美國模式較佔上風，但是在生產性或品質控管（QC）等方面，日本模式則領先。

2. 日本的製造技術人員備受器重

美國優秀的技術人員比較偏好走個人能力易受肯定的設計、開發、軟體等路線，較不傾向朝製造技術發展；日本的製造技術人員則全心投入革新性的製程，並引以為傲。

此外，日本的製造技術人員幾乎都在同一個公司終老一生，並努力累積技術，不斷尋求能和設計或製程密切調和。相對的，美國的技術人員多半一家公司換過一家公司，它的好處是可以學到各種各樣的經驗技術（know how），但是對於像製造技術這種扎根於企業文化的事物，卻比較難有一貫性或經驗的累積。

我還在職場前線時，曾對東芝的董監事做過調查，結果發現，包括我個人在內，有一半以上的人都曾在工廠待過。由此可知，在日本，製造技術人員備受器重，並以身為技術人員為榮。

日本IC教父川西剛

第五章

國際化視野與經營

在探討貿易摩擦問題的時候，應充分理解產業的實際狀況，不應流於愚蠢的政治性對立抗爭。既然半導體產業已經發展成今日全球化的規模，就應該追求多國間公平且合理的制度性解決方案。反觀日本半導體產業，為了因應國際貿易摩擦，以及擁有更寬廣的全球視野，不應再謹守本位立場，而是在擁有核心技術的基礎上，透過國際分工的策略聯盟，尋求和各國半導體產業共存共榮之道。

國際貿易保護主義抬頭，日本在這一系列的風潮中，是備受批評的一方，從汽車到消費性電子產品，日本都被國際社會視爲不負責任的掠奪者，只知擴張全球市場，卻完全忽略對國際社會的貢獻。

如今日本的經濟步入漫長的衰退期，可是國際間因半導體產業而引發的新一波貿易摩擦正方興未艾。在這一波浪潮裡，日本又成爲首當其衝的國家，在一九八六年和美國議定日美半導體協定，一九九六年又重修協議，在這樣的過程裡，亟思轉變的日本產業界有何良方可以扭轉劣勢，既得到國際社經界的肯定，又可以振興日本低迷的產業呢？

事實上，因半導體產業全球化而衍生出來的國際分工策略聯盟，可能正是日本急欲尋求的答案。日本未來的半導體產業，如果要做到既保有核心技術的優勢，同時又成爲國際生產團隊中不可或缺的一員，除了繼續不斷投入半導體的研發工作，如何瞭解我們的貿易伙伴，如何學習美式管理的長處，以及如何溶入國際生產團隊中，正是現今日本半導體產業界必須優先學習的課題

一、何謂眞正的國際化

1. 何謂國際化

半導體是由美國發明，在美國茁壯的產業，並由美國將技術傳入日本。但是，在這個領域裡，日本的實力逐漸提昇，並對美國構成威脅，這樣的結果對美國人而言，想必是相當尷尬的。因此，在美日貿易逆差的推波助瀾下，日美兩國之間，存在嚴重的心結可說是必然的趨勢。

在國際間，半導體產業被視爲國家產業現代化的指標，各國莫不急於佔有一席之地。因此，就在歐美先進國家恐於被追趕上，而韓國、台灣等亞洲國家

奮起直追下，環繞整個半導體產業的國際貿易摩擦將益形複雜。

國際間，與半導體產業有關的貿易摩擦有以下三個面向：

(1)國與國之間，區域與區域之間的貿易不平衡。

(2)在這個產業中，誰獲利、誰吃虧的現實問題。

(3)情感的面向。在上一波全球的貿易競爭中，日本挾本身近乎完美的製造能力，一路勢如破竹，但是，日本有沒有顧及先進國家的感受。

如果不能解決以上的問題，半導體的國際貿易摩擦也將無法解決。

那麼，具體解決的辦法是甚麼呢？我認爲解決半導體國際貿易磨擦的具體做法有以下三點：

(1)提昇本身的技術水準，使能立足於國際。

(2)積極活用各區域的優勢，如製造、開發、銷售……。

(3)和表現卓越的國際伙伴攜手合作。

至於評價的指標是：

(1)是否對國際社會做出貢獻？

(2)是否贏得國際社會的尊敬？

(3)是否獲得國際社會的肯定？

以上三項盡在其中矣！

在日本，每當提到產業全球化目標（global），許多公司的高階人士立刻想到攻城掠地式地進軍當地市場，而忘記了以上所提到的現實問題和情感面向，結果終致無功而返。有了這樣的經驗教訓，如何做個不討人厭的貿易伙伴，如何在全球競爭中得到對手的尊敬和肯定，是值得我們審慎考量的。

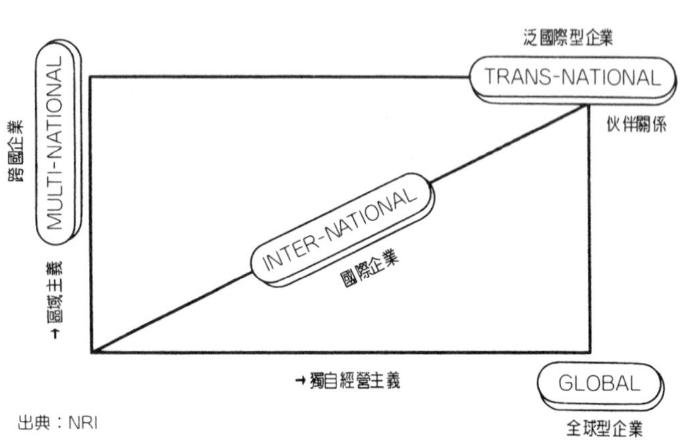

圖4・1 transcend時代的世界經營

2. 國際化的三種途徑

產業國際化的途徑有三種（圖4.1）。第一種是「全球型企業（Globalization）」、第二種是「跨國企業（Multi-national）」、第三種是「國際分工型企業（Trans-national）」。

(1) 全球型企業（Globalization）

所謂全球型企業是指以本土企業爲中心，逐步擴展到全世界。全球型企業就是一黨獨大，雖然在企業經營績效的要求下，也能充份地利用各區域的長處，並且進行某種程度的合作，但是那畢竟是攻城掠地式的擴張，無法解決貿易逆差、利害關係和情感因素等問題。

(2) 跨國企業（Multi-national）

所謂跨國企業是指本土的總公司具有統一指揮的功能，而散在世界各地的企業採取獨立運作的模式，舉凡人員晉用、技術發展、財務會計等，都完全當地化（localize）。

這種企業型態看起來似乎是國際化的一種理想典型，然而實際上卻很難追求協同作用的效果，就像意指臂使——神經傳導和肌肉動作順暢地連成一氣；同時對總公司的向心力也很薄弱，因此並不適合半導體這種需要高度協同性的科技產業。

(3) 國際分工型企業（Trans-national）

國際分工型企業是指本身擁有世界級的核心技術，可以與全球重量級的伙伴策略聯盟，因此達到共存共榮的境界。國際分工型企業乃是邁向二十一世紀最理想的國際貿易關係。

3. 世界規模的策略聯盟

簡單的解釋，國際分工型企業就是進行世界規模的策略聯盟（trans-national strategic alliance），而策略聯盟的意義就在核心專業技術的結合，而不在經營理念與管理層次上結合，世界規模的策略聯盟可以獲致以下的效果：

(1) 無論在製造、技術、銷售等各方面，達到資源分擔的效果，而且沒有誰負擔較重，誰負擔較輕的爭論。

(2) 在製造、技術、銷售等各方面，達到協同和互補的效果。

(3)透過國際分工團隊的成形，柔性地達成擴張市場的目的。

(4)透過推動國際分工團隊的差異化，彼此專精的部分不同，達到經營和技術提升的目的。

(5)以國際分工團隊解決國際貿易摩擦的問題。

不過，要進行世界規模的策略聯盟也不是那麼容易，它必須有幾個條件：

(1)每個合作伙伴都必須各自擁有世界級的核心技術

因爲策略聯盟不是加法，而是乘法。換句話說，假設該產業的平均世界級水準是1，A企業的實力是0.7，低於世界平均的標準；而B企業同樣也是0.7，一般人的想法是，A企業和B企業合作的結果就是0.7+0.7=1.4，兩家公司的實力因結合而突然躍昇於世界水準之上。但是，根據個人的觀察和經驗，策略聯盟力量結合的模式是乘法，如果兩家企業的實力都在世界標準之下，結合的結果不但得不到預期的成長，反而削弱了彼此的力量（0.7×0.7≒0.5）。

事實告訴我們，世界規模的策略聯盟不是弱者的結合，反而必須要求分工團隊的專業核心技術在世界級水準以上，如此才能創造雙贏（WIN・WIN）的局面。

(2)世界規模的策略聯盟不是互相依賴的關係

策略聯盟絕對沒有強者和弱者的分別，所以也不可能產生依存的企業關係。在聯盟中結合的各企業，各自貢獻自己最專精的核心技術，但可能又同時擁有其他的聯盟伙伴。

(3)策略聯盟在結合之前，最好明定彼此的權利和義務

因爲策略聯盟是核心專業技術的結合，而不是經營管理層次的結合，所以可能會有跨企業文化的問題產生。

(4) 先有競爭，才有聯盟

不具備專業的核心技術，根本就無法吸引別的企業來結盟。所以企業本身的專業核心技術，必須具備和世界同質產業競爭的能力，才能吸引到聯盟的伙伴。

總之，只有國際策略聯盟的方式，才能超越民族、政治、經濟版圖等等有形和無形的藩籬。例如在東芝和摩托羅拉締結策略聯盟時（照片4.1），正是東芝涉及違反對共產國家輸出限制委員會（COCOM）規定的時候，但是，政治上的複雜情勢，並沒有影響因核心技術需要而彼此結盟的東芝與摩托羅拉。此外，在解決日美半導體產業之間的貿易摩擦問題上，得力於策略聯盟的地方很多。

東芝企業在蛻變成國際分工型企業的期間，雖然在經營策略上，也採取赴當地設廠和設立營業據點的手段，不過，東芝也花費許多精神和國際一流的企業進行策略聯盟。以下就是其中幾個比較顯著的例子。

(1) 東芝和摩托羅拉結盟生產記憶體和微處理器。

(2) 東芝、IBM、西門子結成策略聯盟，共同開發256M DRAM（TRIAD計畫）

一九九二年七月簽署契約（照片4.2），目前結盟狀況良好，已成功開發採用0.25微米製程、晶片面積爲世界最小的256M DRAM。

(3) 東芝與IBM策略聯盟，共同出資，在美國設立公司：

一九九六年八月，東芝和IBM宣佈，雙方將共同出資，在美國維吉尼亞州設立生產新一代記憶體64M DRAM的合資企業。這個計畫案的總投資金額高達美金十二億（約一千兩百億日圓）以上。滿載生產時，每月將可量產兩萬七千片以上的晶圓，員工總數更超過一千兩百名。

照片4．1 東芝和摩托羅拉的歷史性簽約（1987年5月11日）。簽約者：東芝為川西先生（前列右二）、摩托羅拉為Bane先生（前列右三）。

Business Week

SEMICONDUCTORS

TALK ABOUT YOUR DREAM TEAM

Can IBM, Siemens, and Toshiba design the next big chip? Maybe

It has to be the alliance of all alli-

that Shakespeare wrote. The same tech-

照片4．2 東芝、IBM、西門子握手完成共同開發256MDRAM協定簽約儀式時的新聞報導（左為川西先生）。

複合化→多樣的技術構成
精細化→鉅額的投資
標準化→協調工作
業務革新→全體最適合
單打獨鬥型事業不適用於高科技產業

圖4．2 單打獨鬥型事業結束

既然是策略聯盟，當然有利時就結合，一旦專精的核心技術被取代，互蒙其利的優點消失，結盟的關係就會結束，因此，各結盟企業之間必須兢兢業業地追求自身的成長。

4. 單打獨鬥型企業的結束

以半導體這樣的產業而言，技術愈來愈細密分工，許多功能漸漸集中在單一晶片或產品上，以及規格標準化的出現等種種因素，使得一個國家，或一家公司想要單打獨鬥、大小通吃變得日益困難（圖4.2）。換句話說，充分發揮各個公司或區域的長處，進行國際策略聯盟，在競爭和協調當中，創造雙贏（WIN·WIN），才是最佳策略。

爲甚麼單打獨鬥型的企業會日趨困難：

(1) 功能集中化的趨勢

功能集中化的結果，反而驅使策略聯盟的形成，因爲每一種功能都是專精的領域，單憑企業一己之力，可能沒有辦法將各個功能所需的最專精技術發揮到極致，唯有策略聯盟，才可能使各種功能領域中的佼佼者，合作開發出近乎完美的產品。

(2) 技術不斷朝精密化發展

半導體產業對技術精密度的要求，已經超乎想像。每一個生產步驟都要求更精細的結果是，任何一個企業都只能專精於其中的少數步驟。以TRIAD計畫的256M DRAM而言，如果由一家公司獨力完成，需要十億美元（一千多億日圓）的經費，並且還得開發並專精四百項精密的新製程，這是所有的企業耗盡精力與資源都無法負擔的風險。

(3) 標準化規格的出現

半導體產業產品與製程、技術規格統一化，也促使策略聯盟的產生，企業不能在規格上壟斷，就必須將所有的資源用在保持核心技術領先的地位。

當技術專精的區域化逐漸形成，一種以國際眼光追求銷售、生產、製造效率的觀點日漸成形。以上述的256M DRAM而言，開發在美國進行，晶片則在日本生產，而最後的組裝和測試卻在東南亞諸國和中國進行。

二、向美國學習

雖然國際策略聯盟關注的焦點在核心技術上，但是從我歷任十年的東芝董事，以及在美國兩家公司擔任外部董事（board member）的經驗。我深深地體認到，無論是在公司運作、高階管理（top management）以及股東大會等經營管理的層次，日美之間都存在著極大的差異，而爲了在國際策略聯盟中，日本能更愉快、更順暢地與他國專業伙伴結合在一起，美國的公司組織和經營型態，有值得日本借鏡的地方。

1. 日美高層主管的差異處

一般而言，日美的高層主管有如表4.1所列的差異。

表4．1 日美最高經營層的差異

日本的最高經營層	美國的最高經營層
．希望一切都由當事人處理 ．組織為優先，個人為附屬 ．有時有犧牲自我，為大局著想的想法 ．注重集體協商，有時向誰報告（report to）並不明確 ．「降低成本乃確保利益之關鍵所在」的意識極強	．即使在外部人員面前，也堅持自己立場 ．在個人集大成之後，才有全體組織 ．在自我主張中，意識整體目標 ．向誰報告（report to）極為清楚明確 ．「差別化為利益收入之關鍵所在」的意識極強

在美國，不僅作業員或工程師經常跳槽，就是總經理或董監事，職場生涯中，多半也換過很多公司。

就高層主管而言，不同的組織經驗可以帶來：

(1)多樣化的管理經驗

(2)累積不同行業、不同公司的技術經驗

(3)高階主管必須以彪炳的功績保住自己的位置，因此將全付精神擺在績效提升上，帶動企業蓬勃發展，對企業有很大的正面影響。

然而，就日本管理模式看來，認爲美式的跳槽風有下列的問題：

(1)與其說是爲了公司的發展，不如說是爲了自己的前途。

(2)流動率高，雖然經驗的量增加了，但是質卻不佳，經驗無法深化。

(3)高層主管可能不想花力氣培育部下。

(4)當公司走下坡時，先思考如何全身而退，而沒有與企業福禍與共的想法。

(5)「永續經營」企業的觀念淡薄。

(6)任用自己的人，而不是企業的人。

雖然美式作風可能有上述的問題，不過對半導體這種日日革新的產業而言，個人認爲在管理上，還是以美式作風爲佳；日本的管理模式太過靜態，高層主管缺乏刺激，並不合適。

2. 日美董事會的差異點

在我擔任外部董事（board member）的美國企業董事會裡，總共有九名董事，其中兩人爲執行總裁（officer），董事長和總經理負責企業的實際經營，另外七人中，有前駐日大使，亞洲問題專家，電腦界知名人士，半導體公司的董事長等等。

這些人士並未擁有和企業相同的專業背景。但是，他們卻全都是擁有不同的經驗、視野，足以代表社會各領域的菁英。

相對來說，日本企業的董事會就多半是由同一背景的人所組成，不但董事們來自同一個企業文化，有些董事會甚至由在同一企業服務數十年的受薪階級所組成。

日本董事會的組成模式可說和美國董事會的組成模式大相逕庭。

表4．2 日美董監事的差異

項目	日本的董監事	美國的董監事
董監事的成員	．幾乎都是從公司內部升任	．大部份都是公司外部的人員 ．也有外國人
董監事的獎勵 (incentive)	．高昇和獎金（受業績的影響不大）	．有股票選擇權，如果命中，就可財源滾滾
董監事會議	．儀式化（耗時約一至二個鐘頭） ．鮮少交換意見 ．唯主席馬首是瞻 ．盡可能撥冗出席	．針對各項目，踴躍進行意見交換（耗時一日） ．最後由主席做決定 ．出席為董監事的義務（>75%）

美國對董事會構成的信念是這樣的：構成董事會的成員中，企業外部的人才應比來自內部的多，而一旦企業開始跨足國際，不論企業型態如何，都應該聘請外國人來擔任外部董事。

爲什麼決定一家公司的經營方針，甚至擁有任免董事長或總經理權限的董事，竟然得要引進半數以上來自企業外部的人，甚或由外國人來擔任呢？（表4.2）

我認爲這就是美國文化的精髓——異

中求同。個別企業的經營，也不會緊抱由內部少數同質人員所形成的「村落意識」，而是傾向於在不同意見和不同視野的多元主張中，找出全體共同奮鬥的目標。

自然而然的，這種模式也避免掉權力過度集中在一、兩個人的身上，或因同質性太高，以致於看不見和自己理念不同的事實。這樣的企業，也才能展現企業爲社會大眾所有的風範。

3. 日美股東大會的差異

我每年都要出席一次美國的股東大會，其氣氛和日本的簡直大相逕庭。一般來說，日本的股東大會爲了避免發生紛爭，因此都傾向於從頭到尾由公司單方面做說明，並且封鎖所有提出問題的機會。

然而美國的股東會卻不如此，至少在表面上，美國的股東會是非常公開的。

就拿我最近參加的美國企業股東大會來說吧。整個股東大會花了半天的時間。

一開始總經理先用投影片說明了公司的業績，接著由董事長報告企業邁向二十一世紀的願景（vision）。然後大約花了一個鐘頭的時間，由一般的股東們發問。

雖然其中某些股東的問題相當尖銳，但是董事長皆以慎重、明確，並時而夾雜著幽默的口吻，誠懇地回答每一個問題。

股東大會結束以後，包括我們這些外部董事在內，大家一面啜飲著咖啡，一面進行聯誼，氣氛非常融洽和樂。

專家也指出，日美兩國的股東大會，有著根本上的差異（表4.3）。從表4.3我們可以發現，和美國比較，日本企業感到股東大會的壓力非常沉重。就企業形象和社會責任而言，日本的企業何不輕鬆面對股東大會，給股東們一個發問的機會，同時也將企業外部的意見，納入企業的經營考量中。

4. 美國值得日本學習的地方

當前，日本不管是政府或產業，都處於變革時期。但是，這並不意味著，日本必須全盤推翻目前所擁有的一切。而是在保存日本優良傳統的前提下，引進外部的刺激來活血袪淤。

因此，我們必須先瞭解日美各自的長處爲何，才能擷取雙方的長處進行日本的變革：

表4 · 3 日美股東大會比較

項目	內容	日本	美國
權限	利益處分、董事選任、會計監察人、章程變更、合併等	○大會權限 ○兩年一次 ○唯只在變更之時	×（利益處分計算書為董事會權限） ○每年 ○每年指派或確認
股東大會日期		年度結束後三個月內（時間急迫）	年度結束後六個月內（時間充裕）
舉辦場所		總公司所在・鄰近地點	由章程規定 沒有限制 可以考量股東分佈等情形，每年變換
總會屋	（特殊股東）	禁止無償利益輸送 排除總會屋	雖無特殊股東，卻會有社運人士、宗教團體、愛出風頭的人士行使提案權、在大會提出問題等，種類繁多
其他	法人投資人	大致都是安定股東	比率極高，甚至具有讓執行長（CEO）更迭的影響力
	委託書（行使議決權書）	回收率雖不斷下降，不過大部份皆可達到法定人數	回收率乃對經營層信任程度的指標。在最高經營者的強烈要求下，甚至出現一種以達到 80% 回收率為目標的「委託書回收專門公司」。
	大會所需時間	整體來說，時間都很短	如果把表決後提問題、交誼等時間也計算在內，則相當長
	入場限制	限制嚴格 禁止大眾媒體進入	視股東大會為PR的機會，當大會氣氛平和時，限制也就寬鬆。

就我個人的觀察，日本的固有優點是「尊崇和諧」、「逐步克服障礙的毅力」、「重視未來趨勢勝於眼前變化的長遠眼光」、「效率的追求」、「對製造方法傾全力研究」等等。

另一方面，美國的長處則包括：「不只追求製造方法，更注重目標建立」、「在激烈的競爭中，強調自己的存在和特色」、「創新、創業的精神」以及「將程序、步驟明確和合理化的個性」。

爲了幫日本活血祛淤，我覺得應該從美國引進三項經營理念：

(1) 任命外部董事。

(2) 股票選擇權制度。

一種報酬制度，創業公司給予董事以事先決定好的價格，購買自己公司股票的權利。

(3) 開放股東大會。

但是一次性的激烈變革，可能傷害日本企業原先所特有的穩定，因此，我建議局部的變革，對日本來說，有其必要性。

以任命外部董事爲例，美國董事會的外部董事比例爲七，來自企業內部的董事名額才佔三成。如果日本要擷取美國董事會的長處，可以從外部董事比例佔董事會人員的三成，來自企業內部的董事七成做起。

爲什麼呢？因爲過於劇烈的變動，可能引起公司的經營高層陷入混亂，再者，因爲不習慣來自企業外部的意見，以及外部非專業人士也不適應對專業經理人表達意見，因此，一開始，外部董事可能很難和公司目標協同，並產生比企業高階主管更具眞知灼見的經營理念。

但是，爲了活絡企業的思考，避免企業經營理念流於主觀，引進一定比例

1. **引進外部董監事**
· 不過，不要像美國一樣採用7：3
（外部人員7：內部人員3）的比例，而是變更為3：7
· 將有助於監控最高經營層及淨化
· 公司政策完全是officer的責任

2. **引進股票選擇權制度**
· 但是，不要像美國一樣給予過大期待，而應設定在總收入的30%以下左右。以保留為團隊（for the team）的精神

3. **公開的股東大會**
· 不要迴避一般股東的問題質疑
· 更積極地進行IR（investor relations，投資關係）活動

圖4．3 學習美國優點的日式經營

的外部董事絕對有其必要（圖4.3）。

此外，股票選擇權也不能濫給。個人認爲，一開始不妨以總收入的百分之三十爲宜。我個人雖然擁有企業股票的選擇權，但是至今沒有行使過這項權利。

因爲如果一大早起來，先翻開報紙的股價欄看公司股價的漲跌，而不關切政經局勢和工商發展，我覺得那是有愧於做爲一個企業股東的行爲。

即使因爲股東大會對股東開放而引致混亂，也未必意味著公司的營運就會走上混亂一

途。企業應將股東大會視爲和股東進行交流互動的機會，仔細傾聽股東的意見，並將股東大會視爲公司建立良好公眾形象的契機。

三、認識我們的伙伴——亞洲的半導體產業

1. 積極投資的亞洲半導體產業

以往半導體產業皆集中在日、美、歐地區。而亞洲地區則以後製程——組裝爲主。然而，韓國自一九八〇年代末期、台灣自一九九四～一九九五年開始，對半導體的基礎製程——前製程（即所謂的晶圓工廠）進行大規模投資，同時新加坡也不甘示弱地繼這些國家之後進行投資，以往半導體產業集中歐、美、日的情況，已經大爲改觀。

半導體是各種產業必須使用的關鍵零組件，同時未來也可望每年以高達兩位數的比率成長。此外，半導體產業被視爲國家現代化的指標，亞洲各國乃紛紛視發展半導體產業爲國家政策，積極投入，在一九九〇年和一九九五年左右，先後兩次進行了大規模的投資，掀起記憶體旋風。

2. 首次經歷矽週期的亞洲半導體產業

如前所述，有半導體產業就有矽週期。從一九九三年以來持續不墜的記憶體熱潮，在一九九六年初急遽降溫，進入產業衰退期。而廠商寄予厚望的DRAM售價遽跌，原本期待的利潤也變成泡影（請參閱第三章的圖2.6、圖2.7）。

3. 亞洲半導體產業的五個課題

經歷衰退期的亞洲半導體產業，如今面臨以下的五大課題：

(1)是否有能力進行現金流量經營？

(2)是否有完善的產業基礎設施？

(3)專業晶圓代工是否有利可圖？

(4)是否能因應客戶訂製的需求？

(5)如何跟上技術革新的腳步？

關於以上五大課題，現解釋如下：

(1)是否有能力進行現金流量經營？

半導體產業投資規模龐大，如何在鉅額投資中，取得現金流量的平衡，是所有半導體廠商共同的課題。

以目前記憶體售價大幅跌落來看，記憶體專業廠商的營業報酬率（RO

S，Return On Sales）想要達到百分之十五以上，至少就4M DRAM、16M DRAM的產品而言，是極爲困難的。此外，產品由客戶設計，僅負責生產的晶圓代工廠商，也將被迫陷入更嚴苛的競爭局面，除了產量的確保有困難之外，售價也有低於成本之虞。

如此看來，半導體產業沒有過去的累積、產品範圍狹窄，乘著熱潮冒然大舉投資的新興半導體廠商中，幾乎沒有一家可以進行現金流量經營。因此，除了轉投資、有其他企業挹注，以及靠政府支援的半導體廠商之外，其他實力不夠的半導體廠商都岌岌可危。

(2) **是否有完善的產業基礎設施？**

想要生產最先進的半導體，就必須建立高度完善的產業基礎設施。這些基礎設施包括能源、生產設備供給與維修、矽晶圓和封裝（package）等直接材料

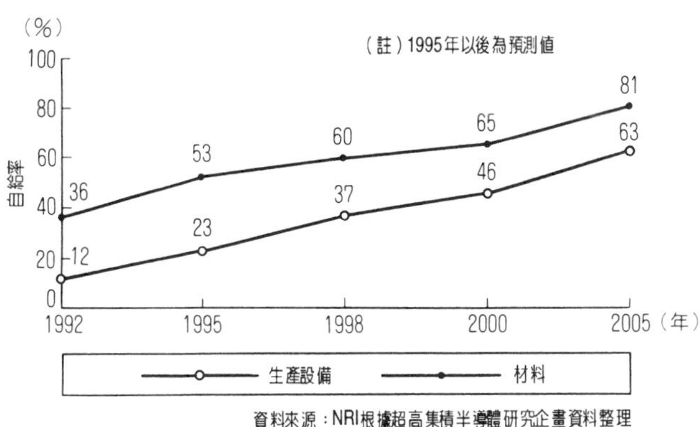

圖4.4 韓國半導體產業的生產設備、材料自給率變遷

的供應、開發技術的技術人才、勞力(教育的基礎設施)等,亞洲地區在這些方面的狀況如何呢?以下針對產業基礎設施作一探討。

即便是半導體產業居亞洲之冠的韓國,目前所使用的設備、零組件、材料,多半仍仰賴自日本或美國進口(圖4.4)。

教育的基礎設施對半導體產業相當重要,此點將另闢專章討論。水和電力也是半導體產業不可缺少的基礎設施,但是亞洲地區在水和電力的質與量上，都存在著很多問題。

(3) **專業晶圓代工是否有利可圖？**

台灣和新加坡的半導體廠商中，有許多是所謂的「專業晶圓代工廠商」。所謂專業晶圓代工廠商是指本身擁有無塵室、生產設備，以及製程技術，因應客戶的設計和需要生產半導體的廠商，也有人稱它爲契約生產（contract manufacturing）。

專業晶圓代工的優點主要有：

- 固定成本低（本身不須有銷售、市場行銷、應用技術、產品開發等部門）。
- 沒有產品銷售上的風險（不是賣給市場，而是賣給設計產品的廠商）。
- 只要有資金就可以投入（新公司也能加入成熟市場）。

但是，專業晶圓代工也不是沒有缺點：

●建立製程所需的技術投資和設備投資必須自行負擔（由於無法自行開拓外部市場，因此如果沒有設計廠商的訂單，則連固定成本都無法回收）。

●製程、技術相似，和競爭廠商之間的差異不大（交貨時間短、價格便宜、良率高爲主要賣點）。

●利潤空間壓縮，景氣高峰期時還好，若是景氣跌落谷底，將會和其他代工廠商陷入激烈的價格競爭。

●在智慧財產權方面，有曖昧不明的地方（就產品設計而言，智慧財產權的權力主張在下單的廠商，但是，對於製造的過程而言，權力的歸屬很難論斷。）

美國有許多無廠房（fabless）的半導體公司，生產部份就委託晶圓代工廠商生產。加上半導體大廠也會將部份產品或製程外包，因此預料專業晶圓代工產業未來仍有發展空間。不過對晶圓代工廠商而言，如何因應衰退期，將是最大的課題。

(4) **是否能夠因應客戶訂製的需求？**

客戶訂製不是那麼簡單的事，也不是一蹴可就的。近來，客戶——也就是系統方面（system side）的要求水準大幅提高，晶片廠商也必須瞭解作業系統（OS）和軟體；就製程技術的精密度來說，目前爲0.5微米；很快地就要進入0.25微米，晶片的佈線也從三層逐步增加爲四層、五層。以一個訂製的大客戶來說，從規格磋商到最後生意成交，耗費的時間有時長達數年。除非鎖定少數種類的產品、「專攻一樣」，否則要建立完整的客戶訂製型生產體制，大約要耗時四～五年。

(5) **如何跟上技術革新的腳步？**

當今的日本DRAM廠商，正動員所有的技術資源，力圖從量的競爭轉換爲

表4．4 DRAM的種類變換
（從量的競爭走向質的競爭…優勝劣敗的結構將日趨鮮明）

①(FPM→EDO	支援Pentium處理器
②(70ns→60/50ns	支援Pentium（133MHz）
③(r)SOJ→TSOP	DIMM模組、筆記型電腦
④(5.0V→3.3V	低耗電量
⑤(FPM/EDO→Syncronus	PC伺服機、工作站
⑥(VideoRAM→Rambus	繪圖、遊樂器
⑦(邏輯混合製程DRAM	需要繪圖等超高速/大容量記憶體的領域

質的競爭。表4.4即爲一例，但就技術的層次來說，亞洲的半導體廠商究竟能追隨多少？此外，要運作一座八吋晶圓、0.35微米、月產兩萬五千片的無塵室至少需要三百名技術人才。而各國每年大學畢業的技術人才人數如下：

▽美國　八萬人
▽日本　八萬人
▽台灣　九千人
▽新加坡　兩千人

因此，就從事研發的人數而言，從表4.5也可知道，韓國、泰國和日、美相去甚遠。

表4・5　人力資源的地區別比較

項目	日本	美國	（舊）西德	韓國	泰國
大學、專科學校等的在學者（92年、1000人）	※91年 2,899	14,423	※91年 1,867	1,859	1,156
研究、開發人員（92年）		※88年	※89年		※91年
科學家、技師（1000人）	705	949	176	87	10
技能者（1000人）	108		120	15	3

資料來源：聯合國科學教育文化組織

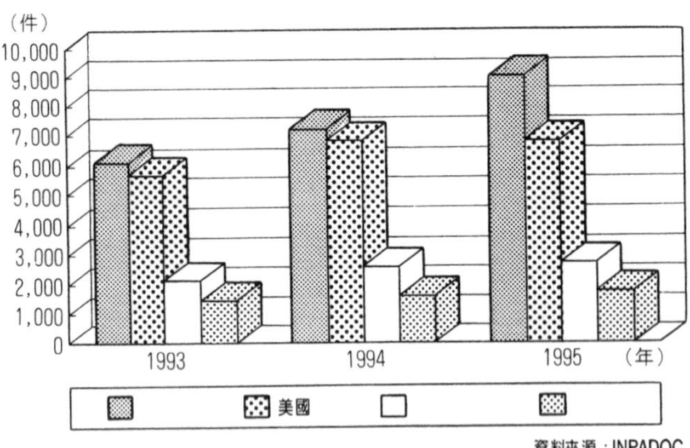

資料來源：INPADOC

圖4・5　各國專利保有件數（半導體相關）

再者，就半導體的智慧財產權來說，日美兩國具有壓倒性的優勢（圖4.5），如何克服，將是韓國和東南亞各國的一大課題。

另一方面，就產官學界對技術開發投入的心力而言，台灣和新加坡可說極為積極。雖然各國總有一天會逐漸累積起技術開發的能力，不過，半導體的技術革新可說是日新月異，對於本地來說，開發出來的新技術可能是先進國家的舊技術。

就企業國際化而言，前往東南亞投資或尋求合作伙伴的廠商，可能面臨以下的問題：

●民族、宗教的多元化，以及貧富懸殊所造成的社會、政治不穩定。

●法律制度、稅制、各種規定等制度面欠缺完整規畫、營運政策缺乏一貫性和熟練性，易造成經濟環境不穩定。

●電力、交通、水、通訊設施、作業環境、生活環境、教育水準、週邊產業等產業基礎設施不足。

4. 亞洲地區的特色

與其他的地區比較，亞洲地區具有以下幾點特色：

(1) 人民勤勉且具有上進心

每當和亞洲地區的人們交談，就會感受到一股鬥志。這種鬥志包括對工作的熱誠、想要出人頭地的上進心、爲祖國發展貢獻力量的心意等等。此外，他們非常勤勉努力。以前這些都是形容日本人的特質，但是，在日本，這些特質似乎正在逐漸消失。

(2) 對外國投資採開放態度

台灣、新加坡、馬來西亞等國家向來對透過國外企業，提高本身的產業技術能力非常地積極。其中尤以新加坡對國外的技術移轉和生產設備投資最爲開放和鼓勵。

(3) 區域內的相互依賴關係緊密

拋開政治因素不談，亞洲區域的相互依賴的關係非常密切。以台灣和中國大陸；新加坡和印尼、中國大陸來說，彼此雖互爲競爭對手，但是卻又相互合作。

(4) 區域內的資本雄厚

不管是韓國財團的力量、或新加坡和台灣政府資金的投入，亞洲國家對投資的態度都是極爲積極和大膽的。

(5) 區域內人口、市場極爲龐大

表4．6 經營資源的地區別價格比較

項目	日本	美國	歐洲	泰國	中國
年利率	100	110	220	230	300
土地（工廠用地）（每平方公尺）	100	8	4	1	10
建築成本	100	73	56	45	—
人事費/月	100	65	32	6	4
陸路運輸成本300公里（20英呎貨櫃）	100	19	15	25	—
（輸出相關費用）	100	13	130	33	130
租借倉庫（每平方公尺/月）	100	20	10	20	20
電力（1KW/h）	100	30	25	45	28
水費（m2）	100	19	4	100	1
事務經費（對營業額比）	100	45	35	50	20
法人稅（基本稅率）	100	91	88	80	88

資料來源：日本經濟新聞，1994年6月8日

不管從作爲生產基地的角度，或是從需求市場的角度，這點都深具吸引力。

(6) **區域內的經濟發展程度、所得水準，因國家而異**

這種經濟發展的差異性，極適合半導體產業在該區長期且穩健的發展。

(7) **經營資源遠比日本便宜**

除人事費用以外，撇開品質不談，土地成本、電費、水費、運輸費等（表4.6），遠較日本便宜許多。

從長期的眼光來看，這些特色都極適合半導體產業在該區發展。

5. 面對亞洲各國，日本應扮演的角色

那麼，面對亞洲諸國，日本究應扮演什麼角色呢？

(1) 站在策略聯盟的立場，一方面保持自己在半導體生產技術上的優勢，一方面將技術轉移給各國。

(2) 作歐美和東方的溝通橋樑。

(3) 爲亞洲的政治、經濟、產業的安定繁榮，貢獻一份心力。例如，除了協助亞洲其他國家建立產業基礎設施、各種經濟制度、人才教育和訓練、環保對策、技術以外，也可以提供政府開發援助（ODA）等資金面的協助。

總之，日本基於半導體產業的國際分工原則，一方面確保本身的核心技術優勢，一方面追求和文化背景接近，且未來極具潛力的亞洲各國共存共榮。

四、日本經濟和日幣升值

1. 日本經濟的問題

一九七〇年左右，原本一直處於高度成長期的日本經濟，突然如泡沫般破碎，從此即反其道而行，陷入了低成長的局面。

根據日本經濟企畫廳的報告顯示，日本國內生產毛額（GDP）成長率在一九六九～一九七二年間爲百分之九；一九七三～一九八六年間爲百分之四；一九八七～一九九一年間爲百分之五；一九九二～兩千年間爲百分之二，一路下滑。

此外，日本在國際貿易上，也面臨多重窘境：

(1)國際上批評日本鉅額出超的聲浪高漲，數字顯示，日本出超在一九九〇年爲七百億美元、一九九一年爲一千一百四十億美元、一九九二年爲一千三百六十億美元、一九九四年爲一千四百億美元、一九九五年爲一千一百三十億美元。

(2)生產外移到東南亞、中國大陸、並加強在國外採購，日本國內產業逐漸空洞化。

(3)面臨國際保護主義抬頭，國際間要求日本國內市場開放，導致產業競爭日趨劇烈。

更有甚者，以往支撐日本電子產業的消費性電子產品，其國內市場已趨於飽和（根據家電產品協會一九九五年公佈的資料顯示，日本平均每一個家庭擁有2.3台電視、1.2台電冰箱），目前尚未找到足以替代的重量級產品。這些消費性電子產品的關鍵零組件——半導體，也只得走向擴大出口之途，以東芝為例，半導體出口的比重即高達公司的產能一半以上。

因此，是繼續和國際半導體產業競爭衝突，還是和各國之間既競爭又協同生產，實為日本半導體產業所不得不正視的課題。

2. 日幣升貶和產業關係

日幣升值造成的「製造業出走」，是否已經成為日本結構性的問題？

從表4.7可以發現，當日幣升值的時候，日本的半導體產值即出現成長，日幣穩定和貶值的時候，就出現衰退。例如日幣升值走勢出現在一九七三年、一九八三年、一九九三年等尾數俱為「三」的當年，日本半導體產業欣欣向榮；

表4・7 從半導體看「日幣的變遷和生產的變遷」

	全球半導體市況	日本半導體產值的成長率（對前年比）	日幣的變遷（對前年比）
1973	榮 景	139.9%	高302日圓→269日圓/美元
1975	低 迷	86.7%	穩定297日圓→296日圓
1983	榮 景	130.6%	高248日圓→235日圓
1985	低 迷	93.2%	穩定237日圓→238日圓
1993	榮 景	104%	高126日圓→105日圓
1995	榮 景	118%	高102日圓→ 94日圓
1996	低 迷	95%	低 94日圓→107日圓

相對的，一九七五年、一九八五年尾數有「五」的年份，日幣雖然呈現穩定局面，但是半導體產業卻陷入低迷。

這意味著，日本半導體產業屢屢克服日幣升值的障礙。

面臨日幣升值壓力，依舊能夠繼續留在日本國內發展的產業，應具備以下條件：

(1)需要高品質人力資源的產業。

(2)需要具備高品質產業基礎設施的產業。

(3)需要鉅額投資的產業。

(4)能在短期內完成研發和擴大市場、商品週期短暫的產業。

而符合上述條件的電子產業則有：

(1)半導體、液晶等高科技零組件。

(2)需要高密度表面封裝的高科技加工產品。

其中，尤以半導體產業最具代表性。

除半導體以外的一般製造業，在面對日幣升值的時候，最佳的因應策略是小型（down size）化和效率化。

日本經濟長期高度發展，產業因爲規模過度龐大所引發的浮濫、效率不彰等缺點日趨顯著。不僅薪資上揚，幾乎所有產業基礎設施的成本皆大幅攀升；曾爲舉世稱道的高效率，也隨著社會日趨富裕而光環漸退。若照這樣子的情況繼續發展下去，根本無法補救日幣升值所帶來的競爭力下降問題。

此外，天然資源貧瘠的小國日本，若要維持先進國家地位不墜，唯有技術立國一途。爲達成此一目標，加強、培養技術開發能力，以及強化、建構支撐此技術開發能力的社會和經濟體系，將是日本現今最重要的課題。

五、國際半導體貿易摩擦

1.日美半導體貿易摩擦

一九八〇年初，半導體貿易摩擦問題開始浮上檯面，一九八六年日本和美國簽訂日美半導體協議（SA協定）。在那幾年間，我以日本半導體產業當事人的身份，每天過著緊張異常的生活。

爲什麼日美兩國之間會發生半導體貿易摩擦呢？我認爲有七個原因：

(1)發明半導體的美國在先進產品上的開發腳步落後。
(2)日美貿易逆差。
(3)由於半導體是美國國防工業等產業的基礎後盾，因此技術落後讓美國方面感到焦急。
(4)一九八五～一九八六年記憶體市場衰退對美國企業造成打擊。
(5)美國對本國半導體產品在日本市場佔有率無法突破，感到不滿。
(6)日本製半導體有傾銷之嫌。
(7)對日本產官一體的半導體發展策略感到懷疑。

經過多次爭執後，日美雙方終於在一九八六年七月底簽訂日美半導體協定，該協定的主要內容是由三個主軸構成的：

(1)美國產品向日本市場叩關（access）。

1.1991年8月1日~1996年7月31日的五年間
(在第三年結束時，就經過五年前終結之適合與否，進行檢討)
2.以促進進入市場和防止傾銷為主軸
(1) 市場進入的促進
1992年底外國製半導體產品佔日本市場的佔有率達到20%以上(努力目標)
〈利用兩種統計方法驗證 (1991年：WSTS13.1%，MITI19.3%)〉
(2) 防止傾銷
(反傾銷調查：DRAM已經結束，EPROM則修正、延長
(價格管理方式→資料的保存義務和早期提出的獎勵 (FMV的結束)
(r)協助第三國政府進行調查
3.制裁解除(對日本製個人電腦及電動工具100%關稅解除)
4.EC批評日美半導體新協定為『具有排他性…只追求兩國之間的共存共榮』

圖4·6 日美半導體新協定

(2) 供應美國市場的價格監視措施。
(3) 供應第三國市場的價格監視措施。

後來，日美雙方又於一九九一年就上述項目進行重新檢討，修改協議內容，如圖4.6。

雖然，協議當時，美方對日本的批評令人難以完全信服，但是，不可否認的，日本半導體產業界也有該反省的地方：

(1) 存著「市場佔有率即命脈」的稱霸市場想法，即如本章第一節所述，日本企業一聽到全球化，個個摩拳擦掌，好像要出發

去打一場攻城掠地的聖戰。

(2) 一窩蜂集中生產特定明星商品，搞壞行情。

(3) 不理會他人的過度投資傾向。

(4) 無視成本的低價拋售。

(5) 模仿技術，雖然已經銷聲匿跡，但是國際貿易伙伴對此壞印象仍殘留腦中。

(6) 過度的技術競爭。

其後經過十年歲月，一九九六年雙方針對此協定的是非、存廢，再度進行討論，不過氣氛已不若往昔火爆激烈。究其原因主要因爲這十年間，日美的半導體產業關係發生大幅改變，除了日本業界開始注重有秩序的產銷，和發展具獨創性的技術之外，眞正的原因誠如前面所說的，日本和美國的半導體產業都走向國際分工的策略聯盟，使得當初規範惡性競爭的日美半導體協定，意義日趨薄弱中。

2. 日本與歐洲的關係

一九八〇年代，半導體產業即使只是前往設立組裝或測試等後段製程的據點，歐盟國家也相當歡迎。一九八二年東芝前往西德（當時東西德尚未統一）的布朗史威格（Braunschweig）設立據點時，就受到當地居民的熱烈歡迎。

但是，進入一九九〇年代以後，如果沒有前段製程（晶片製程），就無法取得歐洲原產地的證明。可以想見，未來若要獲得歐盟境內生產的認定，歐洲廠商有無參與出資或有無進行研發等因素，也將會被納入考慮。

此外，歐盟半導體產業爲了擴大和集中力量，紛紛進行合併。其中，SGS、TOMSON的義法聯盟在一九八七年成立；西門子、GPT聯盟在一九八八年成立。而各種大型的計畫也相繼研擬並實施：

(1)歐洲尖端技術共同研究計畫（EUREKA），一九八五年實施，共有歐洲十七國參與。

(2)歐洲資訊技術研究開發策略計畫（ESPRIT），一九八四年實施，共有大廠、研究機構共計兩百七十個團體參加。

(3)歐洲共同次微米技術開發（JESSI），一九八七年開始實施，參與廠商包括西門子、S／T、飛利浦，以及相關各國政府。

(4)MEGA計畫，一九八四年開始實施，此計畫為西門子和飛利浦的記憶體共同開發計畫

就日本和歐洲的關係而言，除了NEC、富士通等廠商在歐洲境內設立了包括前段製程在內的據點之外，東芝和德國的龍頭廠商西門子、美國的IB

M，合作進行256M DRAM的共同開發計畫。

預料未來這種關係仍會持續發展，但是和美國與東南亞相比之下，歐洲地區顯得缺乏活力、死氣沈沈，這點是較讓人掛心的地方。

不過，隨著半導體的市場、生產、技術日趨全球化，探討半導體產業的國際貿易問題，不能僅侷限於日美兩國之間的討論，而應擴大爲日、美、歐、亞等多國間討論，關於此點，也在最近簽署的日美半導體協議中被提出，可見得一個包容日、美、歐、亞的半導體產業國際分工策略聯盟的架構，是未來必然的趨勢。

3. 日美半導體貿易摩擦的實況

日美半導體貿易摩擦曾是兩國政府高層直接干預的商業議題，然而半導體貿易摩擦的眞實狀況爲何？

(1) 半導體的市場佔有率向來即爲產品實力所支配

圖4.7是各個DRAM出貨的比率。其中，一九七八年4K DRAM時代，美國產品囊括了國際上百分之八十七的市場。但是，十年後的1M DRAM時代，情況卻大爲改觀，美國廠商的佔有率下降爲十分之一。

同時日本的國際市場佔有率逐年提升中。與其說在這十年期間，日本逐漸封閉市場，不如說是美國的實力衰退了。

就微處理器的領域來說，目前美國在32位元的CPU市場，依然擁有壓倒性的市佔率（圖4.8）。此狀況說明了以英特爾（Intel）爲主的美國廠商優勢的競爭能力，而日本的個人電腦廠商，不是也競相進口美國優越的CPU產品嗎？

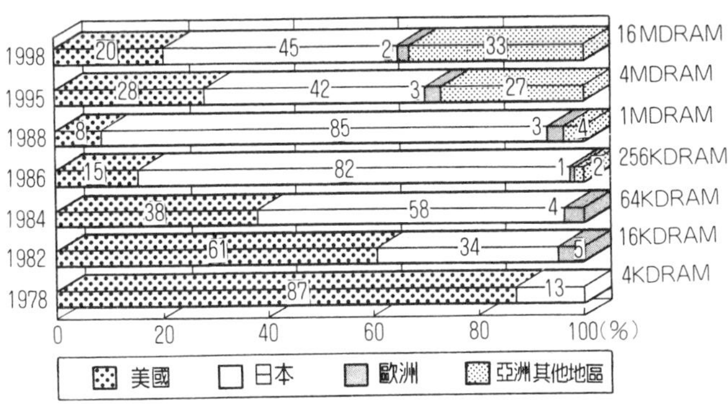

圖4・7 全球DRAM出貨量

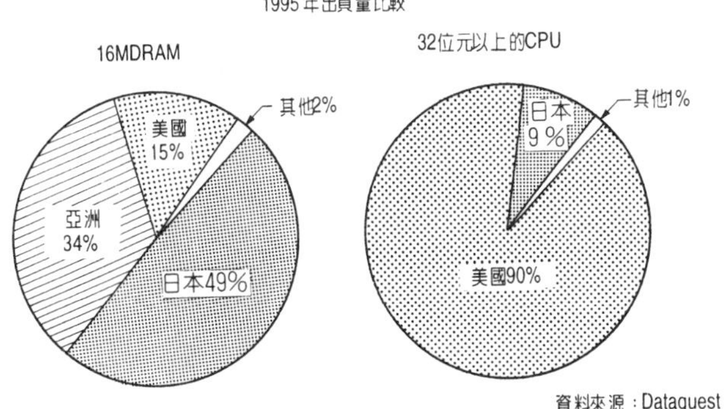

圖4・8 市場佔有率：16MDRAM和32位元CPU

(2)日美半導體協定中，「外國製半導體佔有日本市場百分之二十比率的目標設定」一項，內文所謂「外國製半導體」的認定，採國籍主義而非原產地主義，因此「外國製半導體」實際上意指外資企業所生產的半導體。並不包括日本企業在美國投資設廠，雇用美國員工生產的半導體產品，相對的，外國企業在日本投資設廠、雇用日本人生產的半導體產品則涵蓋在「外國製半導體」內。

根據野村總合研究所的資料（一九九四年十一月）顯示，「美國製半導體在日本市場百分之二十的佔有率當中：

▽在日本生產的產品佔　百分之六～七

▽從亞洲、其他地區進口的產品佔　百分之八～九

▽從美國直接進口的產品佔　～百分之五

因此，雖然佔有率的確超過百分之二十，但是美國本土的就業機會並未因

此而增加。總之，在探討貿易摩擦問題之際，應充分理解產業的實際狀況，不應流於愚蠢的政治性對立抗爭。既然半導體產業已經發展成今日全球化的規模，就應該追求多國間公平且合理的制度性解決方案。

反觀日本半導體產業，爲了因應國際貿易摩擦，以及擁有更寬廣的全球視野，不應再謹守本位立場，而是在擁有國際級專業核心技術的基礎上，透過國際分工的策略聯盟，尋求和各國半導體產業共存共榮之道。

休息一下

國際化凡例：

一、策略聯盟關係不是夫妻關係，而是朋友關係。

二、維繫朋友關係所需的是尊敬、信賴、忍耐。

三、國際合作成功的秘訣在於「給六、拿四」的態度。

四、策略聯盟不是加法而是乘法。

五、先有競爭，後有合作。

六、不僅要立足本國、放眼世界，也要思考世界各國怎麼看待自己的國家。

七、文明可以改變，但是文化卻不能改變。請尊重對方的文化。

八、技術足以超越任何政治藩籬。

第六章

半導體企業經營的奧秘

日本商戰小說作家城山三郎曾指出，企業經營者應具備探險家、戰士、法官、藝術家等四種特質；我則認為，身為半導體的經營者，更須加上洞察力、執著、國際觀三項視野，同時隨著時代變遷，隨時調整經營方針和產品策略。

一、時代的潮流變遷

松尾芭蕉的〈深山小徑〉中有句話說「日月爲百代過客、往來年歲亦是旅人」。不僅對個人，即使對全世界而言，歲月也都如同旅程一般，日日流轉變遷。而就像旅程的風景和環境不斷改變一般，社會的風貌也時時刻刻變化不停。若將時限延長爲以世紀爲單位，將可清楚地感受到時代的潮流變遷。

J．奈斯匹茲指出數點隨時代一起變遷的世界觀如下：

「十七世紀之前的農業時代」——世界觀和過去相連結。換言之，行動的基準為基於過去的經驗法則所做之思考判斷。

「十八世紀的工業化時代」——世界觀以當前為依據。如何因應當前的需求、促成繁榮為最大課題。

「從二十世紀末開始的資訊化時代」——世界觀必須放眼未來。過去的經驗和現況的掌握不再有用，必須具有洞見和洞察力，以因應未來的變化。

而在這樣的時代潮流中，目標放在二十一世紀的電子機器市場會有什麼變化？一般預料，環繞電子機器的環境，將會出現下述轉變。

1. 電腦除了會從集中處理走向分散處理外，並會被網路化，進而和通訊結合。
2. 誠如移動通訊、衛星通訊、導航系統（navigation system）所代表的，通訊事業將會朝實現「任何人、任何地方、任何時候」的目標邁進。
3. 消費性電子產品將會朝高畫質電視（HDTV）、DVD等高功能導向，或是多媒體等個人化、資訊的雙方向性方向發展。
4. 東南亞、中國大陸等開發中國家將會日趨繁榮富庶，並從生產國轉變爲龐大的消費國。

如上所述，包圍電子產業的潮流雖然時有變動，不過其市場性卻不會改變。

二、二十一世紀日本將面臨的經營課題

目前，日本製造業正面臨空前危機。以日本國內而言，日幣升值等造成產業基礎設施成本大幅上揚、製造業外移，而國內民生市場則有趨向飽和、慢性不景氣之虞。就國際層面而言，在「生產什麼」上，日本遠落於美國之後，而在「如何生產」上，韓國或東南亞又逐漸對日本造成威脅。

除此之外，誠如第四章所述，和其他國家相較亦可發現日本面臨各種經營

課題。例如，隨意列舉一些想到的即有如下數點：

1. 鉅額的開發投資、製造投資中的現金流量經營。
2. 單打獨鬥型事業的終結與全球規模策略聯盟的趨勢。
3. 隨著韓國、台灣等亞洲國家勢力增強，半導體產業也逐漸擴及全球，而競爭也隨之日益激烈。
4. 如何因應無止境的技術開發競爭？
5. 面對日幣升值造成的日本產業基礎設施成本上揚和製造空洞化，應採取何種因應策略？
6. 對依然重複出現的矽週期，應如何因應？
7. 面對變動激烈的半導體事業，最理想的組織和營運究竟爲何？
8. 經營者應具備的資質和應有的態度爲何？

9. 外部董事、股票選擇權制度、培育創業家精神等日本應該從國外吸取何種優點，以及如何將之同化爲日本文化？

關於這些問題，我將在下述各節中敘述個人的想法。

三、現金流量的經營

1. 從ROS經營轉換為ROI經營

近來半導體產業的最大經營課題爲，如何在鉅額的開發投資、製造投資中，進行現金流量的經營。傳統的日本式經營對半導體產業也是以追求ROS（Return on Sales，營業報酬率）經營爲目標。

換句話說，提高市場佔有率、增加營收爲公司發展的指標，爲此，公司乃積極進行多角化的資源投入。

所謂現金流量的經營，也稱爲ROI（Return on Investment，投資報酬率）經營，亦即，對投下的資本求取最大的回報（return）爲公司發展的指標，追求的並非事業的量而是質，重視現金流量、追求投資效率。

以日本來說，製造業的ROI急遽下降，一九八〇年爲百分之十八點五，但是在一九九四年時卻降爲百分之六點六，成爲三分之一（表5.1）。其中半導體記憶體更是每進入集積度提高的新世代，其生產設備投資即大爲膨脹，若以DRAM的同生產數來看，則可得到如表5.2所示的對比。

換言之，每當世代往前推進，平均每一個記憶體的投資金額即隨之膨脹，爲此，半導體投資彈性率（相對於投資額的營收增加幅度）就會如圖5.2所示，逐漸下降，而投入資金的回收問題自然也就跟著產生。

表5.1 日本製造業的ROI

年	1980	1985	1990	1991	1992	1993	1994
製造業的ROI（%）	18.5	14.1	14.5	11.3	8.0	6.3	6.6
綜合資訊電子（%）	21.7	16.8	17.8	10.6	7.0	6.3	7.3

資料來源：日本銀行「主要企業經營分析」

表5·2 DRAM世代別設備投資額比

DRAM的世代	1M	4M	16M	64M
生產設備投資	1	2	4	10

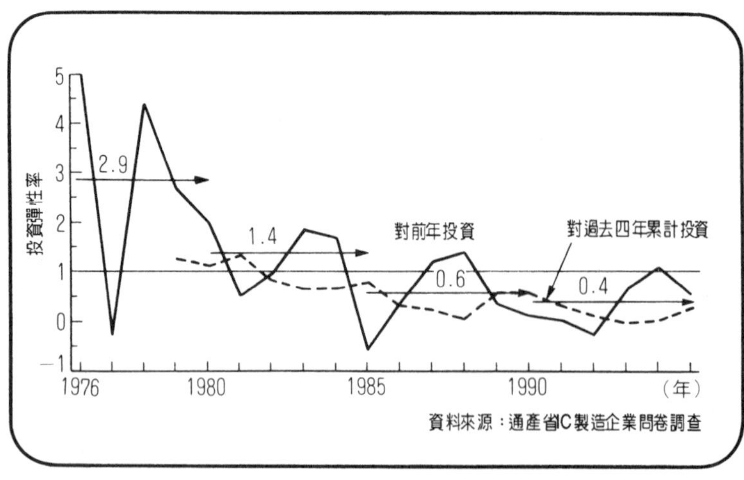

圖5·2投資彈性值的下降

再者，隨著泡沫經濟破滅，籌措資金成本也隨之上升，而資金的型態也從泡沫經濟時期的以自己資本爲主，轉變爲泡沫經濟瓦解後的以貸款、公司債爲主。基於上述理由，不管喜不喜歡，半導體廠商都被迫從ROS經營調整爲向ROI經營。

2. ROI經營的四個要點

ROI經營的要點，主要有如下四點：

1. 在現行事業當中，應該擁有二～三項高佔有率、高獲利、資金收支爲正的主力事業。

不管是在什麼公司，所有事業全部高獲利的情況是非常罕見的。每個公司應該都會有：爲了替下個時代鋪路而即使虧損累累也必須培育的事業、結構上很難獲利的事業等。但是，一般公認的績優企業，必定擁有主力明星事業。並藉這些明星事業獲取利潤、提高公司的知名度。

以東芝來說，在一百多種生產事業中，眞正稱得上主力明星者，只有一成左右，但是整個公司卻藉這一成左右的事業，獲取還算差強人意的利潤。

2. 辨識應持續發展的事業和應退出的事業

這就是所謂的選擇經營，不過做起來並不容易。如果僅依據迄今爲止的潮流、會計指標作決定，反倒常常出錯。抉擇之際，必須把市場未來的擴展潛力、自己公司的實力和與其他公司之間的競爭狀況等各種複雜因素納入考量，然後再下決定。而這也是經營者的洞察力受到最大考驗的時候。

在負責半導體事業期間，我曾爲了將各種半導體培育成主力事業而煞費苦心。其中尤以當前的明星產業、半導體的火車頭-記憶體，因爲需求起伏激烈，加上每三~四年即有一次世代交替、價格競爭又激烈，因此，剛開始即出現巨幅虧損。爲此，公司內部曾掀起退出DRAM市場的聲浪，幸而在高層的堅持和當事人的努力不懈下，幾年後終於開花結果，成爲東芝最具代表性的事業。

俗話說「桃、栗三年、柿八年」（指種桃樹、栗子樹須三年才能結果，種柿子樹須八年才能結果），若要獲得金錢的果實，則除了洞察力之外，還需要「智慧」、「努力」和「耐心」。

3. 制定長期性成長策略，且此策略須保持成長性（狩獵型事業）和安定收益性（農業型事業）之間的平衡。

要追求事業的永續發展，就需要均衡經營。亦即，必須讓高風險、高報酬的狩獵型事業和低風險、低報酬的農業型事業，平衡共存。

長久以來，東芝一直奉行平衡經營的準則不渝。換句話說，在半導體方面，東芝也建構了四大主軸事業，並把經營資源平均分配在這四大領域，長期培育各領域中的主力明星事業。

【第一個主軸】個別半導體元件

東芝在此領域獨步全球，尤其特別擅長power元件，此事業雖不値得大書特書，卻是穩定的收益來源。

【第二個主軸】民生用LSI

雖然市場主力已逐漸爲東南亞地區所取代，不過此事業依舊維持堅強實力和穩定利潤。

【第三個主軸】客戶訂製型邏輯LSI

由於產品屬性爲客戶訂製，因此受一般景氣影響較小，此事業的獲利水準雖不能和英特爾的微處理器相比，不過倒也為本公司創造相稱的利潤。

【第四個主軸】 記憶體

記憶體可說是高風險、高報酬的象徵。押對寶即可大賺一票，但是如果逢上不景氣，其售價將會一口氣跌落為原來的二分之一至五分之一。記憶體事業的策略由於具有先行指標意義，因此可說是半導體廠商無可避免的事業。

4. 設定與投入資金回收相關的公司內部規範

對半導體這類需要挹注龐大資金的事業而言，「洞察力」雖不可或缺，卻不能只憑感覺。必須具備基於會計基準所訂定的公司內部規範。當超越此規範時，就委由高層決定。

3. 半導體產業能夠進行現金流量經營嗎？

（東芝，1995年）

營收成長率		ROS	投資彈性率	現金流量（假設營收為一兆日圓）
消極策略	8%	8%	0.8	+0.1%（+1.03億日圓）
積極策略	15%	8%	0.8	▲3.3%（▲32.99億日圓）
	15%	15%	1.0	+0.4%（+3.52億日圓）

條件：・設備折舊年限以五年為準
・稅率、股利分配率各假設為50%

圖5・3 半導體現金流量經營模擬

半導體事業究竟可否進行現金流量經營？若將現金流量的臨界條件作一模擬，則可得到圖5.3之結果。

由圖5.3可知，若將營收成長率控制在百分之十五（從長期觀點來看時的底線）的一半——百分之八，則即使ROS百分之八、投資彈性率零點八，依舊可以維持現金流量。但是，若採此消極策略，則佔有率將日益縮減，ROS的維持將變得困難。

再者，若希望營收成長率維持在百分

十五，則若欲維持現金流量，就必須達到ROS百分之十五及投資彈性率一點零的目標。

若要使ROS高於百分之十五，則必須具有差異化的產品能力、徹底降低成本，以及藉由提高佔有率擴大市場等，當景氣處於高峰期時，此目標並非遙不可及。最大的問題乃在於，如何提高伴隨產品高度化而來的年年降低的投資彈性率。

那麼，究竟要怎麼做，才能達此目標呢？敘述如下：

1. 可以提高無塵室的效率

以目前機架（bay）方式的無塵室而言，晶圓移動面積對無塵室面積的比率在百分之二以下，再者，目前無塵室使用的能源中，有百分之四十耗費在冷卻設備上，更有甚者，目前無塵室的灰塵有百分之九十係來自設備和人。由此

1.DRAM已逐漸朝同一工廠多世代共存型邁進（以東芝為例）

	1989	1990	1992	1993
64KDRAM	—	—	—	—
256KDRAM	32%	10%	4%	0.1%
1MDRAM	68%	80%	48%	39%
4MDRAM	—	10%	48%	58%
16MDRAM	—	—	0.3%	3%

2.東芝大分工廠同時生產記憶體和邏輯IC
・1993年 記憶體 660種產品
邏輯IC 2,660種產品
・為了延長設備的壽命，花了不少心思。

圖5・4 多世代共存型生產線

可知，無塵室還有許多可以改進的空間。

近來廠商開始大量引進的迷你潔淨室（mini-environment）方式，即改進上述問題的方法之一。

2. 延長無塵室設備的使用壽命

設備造價高昂，爲了延長其壽命，廠商莫不絞盡腦汁，開發各種使用方法。圖5.4所示之多世代重複生產和多種類並行生產即是。

在以往的半導體培育期，廠商可以不顧現金流量，全力挺進。但是，隨著這個產業日趨龐大，且成爲基礎產業，目前廠商已不能再漠視現金流量經營了。

休息一下

與市場預測有關的社會賢達名言

▽神賜予人類的恩惠之一是不告知未來。因為如果知道未來的繁榮，將會變得怠惰，如果知道未來的逆境，將會喪失判斷力。（聖奧古斯丁）

▽莫拿買賣去還就預算，而應還就顧客。（松下幸之助）

▽濱松町的總公司大樓沒有錢掉下來。想有營收，

就去客户那裡。（東芝 渡里杉一郎顧問）

▽莫為蜘蛛，應為蜜蜂。（SHARP TSUJI HRUO 社長）

▽從客户身上學習。若從公司內部學習，將會陷入自我滿足，若從競爭對手學習，將會變成追隨者。（OMRON 立石義雄社長）

▽開始大肆進行市場預測即大企業病的開始。（明治學院大學 寺本義也教授）

▽要想推測天氣預報，就得常看天空。以及偶爾不看天空，自己思考。

▽數字不會說謊，但是說謊者會運用數字。（川西）

四、矽週期因應策略

誠如在第一章半導體產業的特徵中所敘述的，半導體產業有所謂矽週期的需求變動。

1.如何降低矽週期的影響

爲了降低矽週期對事業的影響，在經營上，應顧慮如下數點：

(1)產品構成應平均

在半導體滲透到所有機器的今日，縱使經濟再不景氣，也不可能所有的國家、所有的產業都陷入低迷。換句話說，即便電視或錄影機銷售狀況不佳，也還有個人電腦或通訊市場維持成長局面，而即使這兩者都呈現萎縮，也還有汽車、社會基礎產業等蓬勃發展。而前述的產業，都少不了半導體。

如前「現金流量的經營」一節中敘述的，爲了追求事業穩定和永續經營，東芝一直非常注重產品的均衡發展。以最近記憶體不景氣來說，東芝受到的衝擊之所以較其他公司小，必須歸功於即使在一九九四年、一九九五年記憶體黃金時代，東芝也一直把半導體生產中記憶體所佔的比率，控制在百分之四十以下。

(2) 擁有差別化的強力產品

一旦景氣陷入低迷，客戶就會縮減供應商的數量，向實力最堅強的廠商集中採購。只要功能、成本都出類拔萃，根本不必畏懼什麼矽週期。

(3) 提高客戶訂製型產品的比率

客戶訂製型產品較不會爲一般景氣變動所左右，除非該客戶也遭受不景氣打擊，否則影響幅度應較小。

(4) 擴充客戶的種類、數量

藉種類繁多的產品群，廣爲開拓全球各地的客戶種類、數量，也是維持事業穩定的途徑。不可諱言地，涵蓋這方面的行銷、業務負擔將相對加重，不過，爲了追求事業的穩定發展，就某種程度來說是不得不爲的。

(5) 和客戶維持長期緊密的關係

不僅要擴充客戶的種類、數量，更重要的是，要和重點客戶維持長期緊密的關係。和重點客戶的相處之道不在於作點的接觸，而在於進行全面性地長期交往。

換言之，平時高層主管、業務、技術即應根據各自扮演的角色，善用各種機會，和客戶進行交流、加深彼此的關係。

像綜合資訊電子廠商般，自己公司內部有使用者事業部時，尤須特別注意過度的內部導向。如果市場缺貨時，即罔顧外部客戶的需求，優先將產品分配給自己公司內部的使用者事業部，則外面的客戶早晚會流失。不論東方或西方，與客戶之間的信賴關係乃業務往來的基本（圖5.5）。

營業五原則

1. 營業為事業的牽引力（技術為事業的推動力、製造為事業的實行力）
2. 營業為製造、技術、銷售一體的集大成
3. 營業力應以三位一體（高層主管、業務員、工程師）模式，接待客戶
4. 營業需要策略、武器、意志力
5. 營業由市場行銷、銷售、輸送等三要素構成

景氣低迷時的經營 五個要點

1. 利潤不在內部，而在外部……生產暢銷商品
2. 問題解決主義即敗北主義……擁有願景
3. 胸懷抱負、勿拘泥於過去……先掌握新時代的主導權
4. 集中營運事業……ROI經營
5. 切莫悲觀……希望是人類最高的智慧

營業五原則

1. 營業乃事業的牽引力（技術乃事業的推動力、製造乃事業的執行力）
2. 營業乃製造、技術、銷售一體的集大成
3. 營業力應以三位一體（最高經營者、業務員、工程師）的方式，應對客戶
4. 營業需要策略、武器、意志力
5. 營業乃由市場行銷、銷售、輸送等三要素所構成

客戶五名言

1. 考驗愈難的客戶，通過後即愈能維持長期穩定的關係
2. 愛惜對品質、價格、輸送要求嚴格的客戶
3. 實力愈堅強，受供需狀況影響的幅度就愈小
4. 茁壯強大則客戶會主動接近，衰弱退步則客戶會漸行漸遠
5. 和最高經營者、技術、營業三者都有交集的客戶必穩定

圖5・5 經營的極致

客戶五名言

1. 合格考試愈難的客户，通過後愈能維持長期穩定的關係
2. 珍重對品質、價格、輸送要求嚴格的客户
3. 實力愈堅強，受供需狀況影響的幅度就愈小
4. 茁壯強大則客户會主動接近，衰弱退步則客户會漸行漸遠
5. 和高層主管、技術、營業三者都有交集的客户關係必穩定

2.百萬、十億位元時代的矽週期

隨著百萬、十億位元時代的到來，未來矽週期的面貌是否會隨之不變？

一九九四年、一九九五年記憶體市場處於顛峰時，在對個人電腦、通訊產業寄予厚望的情況下，許多分析師都提出「矽週期，再見！」的看法。

如同過去的歷史所示，當這類論調興起時，即意味著不久即將迎接半導體低迷期的來臨；而當景氣低迷，各類半導體悲觀論紛紛出籠時，即是熱潮即將掀起的前兆。

只要半導體不斷成長、技術革新永不停止，則今後矽週期仍會反覆出現。不過，隨著環繞半導體的環境發生變化，矽週期的狀況也會有若干改變。

未來，助長矽週期發生的因素仍是：(1)緣由於無止境的技術革新而來的無窮技術競爭。(2)半導體產業擴及於以東南亞為主的各地區，導致競爭日益激烈。(3)固定成本高昂的產業結構，導致不景氣時也要勉為其難擴大產量。(4)對一般景氣循環反應敏感的體質等。

另一方面，降低矽週期發生的要素則有(1)半導體成為鉅額投資產業，每家廠商必須選擇和集中發展各自的生產種類。(2)客戶和供應商之間的垂直合作關係日趨發展。(3)從追求市場佔有率轉而重視獲利。(4)積極進行泛世界性協調合作。

無論如何，通過矽週期考驗的經營奧秘不外乎前述的先見之明、一貫性和平衡發展。

休息一下

矽週期小故事

▽矽週期的低潮通常在奧林匹克運動會和美國總統選舉的翌年來臨。(以消費性產品為主要市場時的確如此，不過現在卻不值得相信。)

▽莫嘆有需求起伏。因為這也意味著商機源源不絕。

▽某負責訂製型產品領域的部長謂：「半導體真好。雖然有水量變化，卻有如河川一般，永遠源源不絕。」

某半導體營業部長則謂：「訂製型產品真好。因為三年後的狀況已在掌握中。」

……到底是何者幸福？

▽有關半導體的需求預測

未91～92申　羊被剪毛、猴子從樹上摔下來

酉93～94戌　鳥在遼闊的天空飛舞、狗頻搖尾巴

亥95～96子　盲目猛進後，宛如鼠輩藏身小洞

丑97～98寅　牛排的價值雖一時下跌，終會再如猛虎之勢扶搖直上

五、集團經營

1. 集團經營

日本的半導體廠商大多是綜合資訊電子廠商。東芝也是擁有近八萬名員工的資訊電子廠商。此外，若是連相關企業也涵蓋在內，則是一個旗下擁有一百數十家公司、二十五萬名員工的龐大集團。那麼，這些廠商是否眞的都充分發揮作爲綜合資訊電子廠商的優點（圖5.6）？

舉例來說，綜合資訊電子廠商經常面臨下述課題。

1. 關鍵零組件和系統之間的步調是否經常保持一致？
2. 是否充分活用系統間的綜合效果？
3. 和集團企業之間是否維持著強烈的向心力？

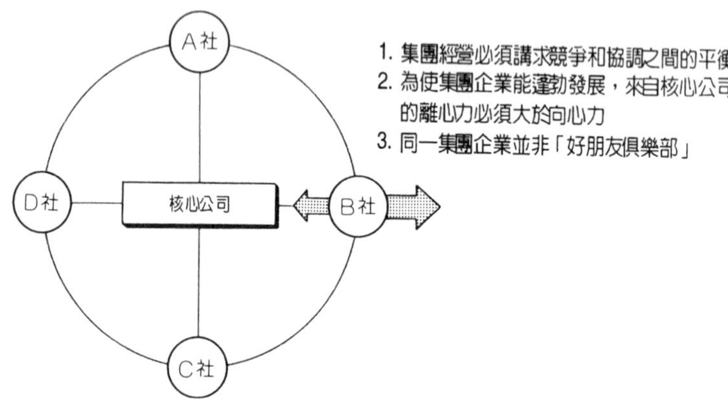
A社
B社
C社
D社
核心公司
1. 集團經營必須講求競爭和協調之間的平衡
2. 為使集團企業能蓬勃發展，來自核心公司的離心力必須大於向心力
3. 同一集團企業並非「好朋友俱樂部」

圖5·6　何謂集團經營

理想的集團經營應該是「向心力和離心力維持平衡」，若以別的方式表現，則是「競爭和協調」。

如果僅和公司內部或集團企業建立交易關係，將會形成互相依賴的結構，而致有同歸於盡之虞。爲了帶領各自的事業邁向成長，且發揮相互合作的效果，各事業部門首先必須具有「向心力」——亦即，吸引公司內部、集團內部其他部門的力量，以及「離心力」——亦即，也有進攻公司外部、集團外部的能力。換言之，各個部門應該擁有優越的核心技術，然後在此前提下，由公司內部、集團內部優先活用該核心技術。

以東芝來說，最好的例子即是，擁有薄膜電晶體（TFT，thin-film transistor）型液晶面板和個人電腦、新LSI和video，而集團企業則有東芝陶瓷的I晶圓或東芝矽的矽樹脂，以及半導體事業本部的記憶體、研究所、東芝電池的鎳氫電池等等。

最重要的是，集團經營不應變成「好朋友俱樂部」，而必須是相互切磋琢磨的朋友關係。

2. 關鍵零組件和集團經營

對綜合資訊電子廠商而言，關鍵零組件事業乃必備且不可或缺的事業。關鍵零組件事業除了可以單獨對業績作出貢獻之外，尚可透過和公司內部系統事業合作，創造出集團內部的差異化產品，而這點乃是綜合資訊電子廠商最大的優勢。

然而，供公司內部使用的關鍵零組件雖有其必要性，卻也存在問題點。例如：

【必要性】—創造出差別化的高佔有率、高獲利產品

1. 公司系統產品差別化的力量。
2. 公司系統產品成本的主要要素。
3. 公司系統產品生產的主要要素。
4. 防止公司內部資金、技術外流。

【問題點】—相互依賴結構引發同歸於盡的危險

1. 零組件方面的產品力脆弱，造成系統產品衰弱。
2. 系統方面脆弱，導致零組件產品衰弱。
3. 站在要求立場的系統方面的過度期待（價格、數量、功能）。
4. 屬於被動立場的零組件方面的過度負擔。
5. 包括開發費等在內，過度依賴全公司的支援。
6. 仰賴公司內部需求導致零組件經營不穩定。

另一方面，目前半導體大廠的零組件，多半以賣給集團外部廠商爲主，有關其意義和問題點，列舉如下：

【賣給外部廠商的意義和必要性】——零組件乃競爭和合作的事業

1. 透過因應嚴苛的市場需求，強化零組件事業的體質。
2. 維持零組件事業的穩定經營。

3. 把好的外部系統需求，回饋給公司內部。

4. 藉擴大市場降低成本。

5. 藉全球客戶的獲得，提高公司的存在感（presence）。

【問題點】

1. 公司的系統產品和其他公司的產品，差別化程度降低。

2. 公司的系統需求會外流

3. 缺貨時，會出現外部和公司內部爭奪供貨情形

無論如何，歷史告訴我們，當公司內部有使用者時，眼光只放在自己公司使用者身上的半導體廠商，絕對無法躋身一流廠商之林。

六、技術、銷售的矩陣式經營

半導體在市場行銷（marketing）上有兩個面向，一為種子導向（seeds oriented），一為市場導向（market oriented）。這兩個面向即：藉本身所開發的種子——亦即產品力，創造新市場；以及根據市場需求，生產合乎顧客需要的產品。

CS（customer satisfaction顧客滿意度）一詞雖被奉為營業的金科玉律，但其絕非指廠商要完全依照客戶的要求行動。事先掌握客戶的需求，並請顧客善用自己公司能力的「提案型營業」，也是高超卓越的行銷手法。

每當前去進行高層促銷時，我除了會聽取客戶的要求之外，也一定會向客戶宣傳最新技術、產品。對亟欲藉半導體新技術改革自己產品的客戶而言，這點是極其重要並深具吸引力的。

舉例來說，若客戶是電視機廠商，則既需記憶體、訊號處理用LSI，也使用許多個別半導體。扮演這類客戶和廠商之間介面角色的營業或應用技術部門，若是依記憶體、邏輯、個別元件等個別business unit，形成垂直組織，將無法充分因應客戶需求。然而，若是依照種子導向創出半導體的新設計、製程、製造，不依產品別構成垂直組織，則又無法發揮力量。

將這兩者加以整合者爲，組合個別business unit和個別system unit而成的矩陣式（matrix）組織（圖5.7）。

東芝的技術部門裡面，有一名爲「應用技術部門」的獨特組織，此組織乃business unit、system unit矩陣式營運的中樞。

附帶一提的是，東芝自一九八三年以來，即引進這個由個別system unit和business unit組成的矩陣式組織。

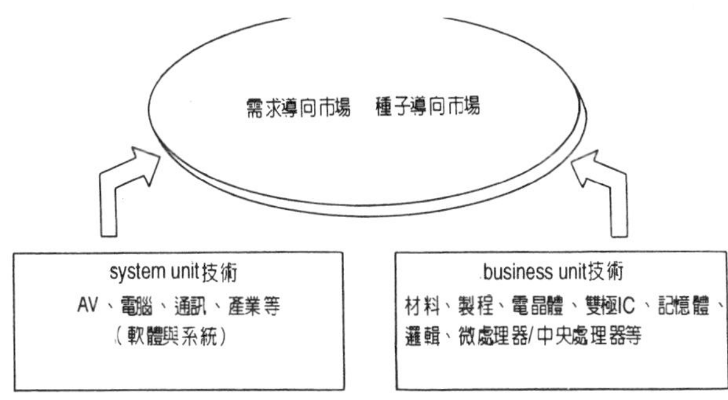

由個別business unit和個別system unit所組成的矩陣組織

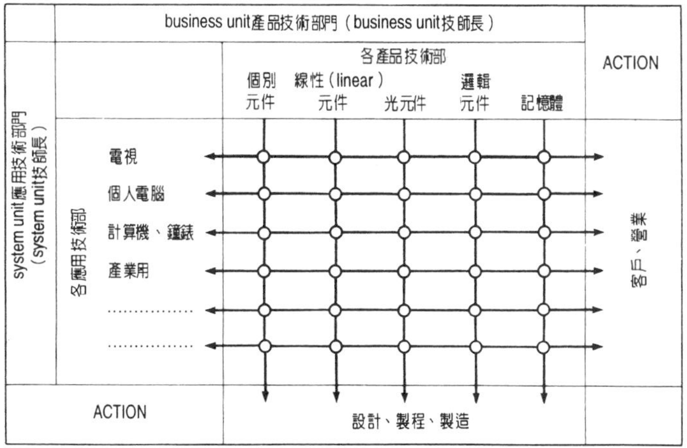

技術部門的system unit 和business unit別矩陣組織

[垂直組織] 以「種子導向市場」為「business unit」
其他的技術、銷售、行銷

[水平組織] 以「需求導向市場」為「system unit」
其他的技術、銷售、行銷

圖5・7　business unit與system unit

休息一下

經營者必須具有專業的洞察力

▽即使調查消費者想要的商品，也得不到解答。消費者想要的商品必須靠我們自己思索。未來的製造業不是市場因應型，而必須是創造需求的創造業。

SHARP TSUCHI HARUO社長（每日新聞）

▽透過前所未有的縝密調查，徹底吸取消費者的意見之後，福特汽車公司終於推出一款號稱「消費者夢寐以求的汽車」——EDOCEL上市。然而，結果卻一敗塗地。這雖意味著渴望的產品和實際上購買

的產品之間有落差，不過捨棄專業的洞察力，一味依賴共識（consensus），可說是天大的錯誤。我們偏好人和，珍惜共識。但是，洞察力和果斷卻更為重要。

評論家　金田武明（日本經濟新聞）

七、技術開發的三層結構

要因應快速且競爭激烈的半導體技術革新，應採取何種組織營運才合適？

我常將半導體比喻為「具有古典旋律的流行歌曲」。這句話的意涵為，半導體的應用範圍雖然變化多端，但是半導體的基礎技術卻極基本，換言之，這是因為具有古典旋律所致。而半導體的技術革新則如同第一章的DRAM山脈所示，目前依舊朝著每四~五年即進行一次世代交替的方向，永無止盡地跨步邁進。

因此，就開發半導體技術而言，重要的應是下列幾點：

1. 總是領先在其他公司之前。
2. 開發的技術須如行雲流水般，順利在短期內事業化。

3. 開發、製造等各層面的技術人員，除須具有旺盛企圖心，向自己的技術挑戰之外，也須深具信心，堅信自己對事業有所貢獻。

總言之乃是運用如圖5.8所示的三層結構，推動研究開發。

換言之，第一層是，放眼事業五年以後的發展，開發關鍵技術、新技術。爲了不讓這個部門受事業短期損益影響，故定位爲全公司性的研究機構較適當。

第二層則是開發三年至五年以後的新產品、新製程。這個部份應該由直屬半導體事業部門的工作實驗室、半導體技術研究所擔當。

第三層的主要工作是，現在和三年後的產品之事業化、量產技術的建立，這個部份理當由事業本部的技術部負責。

這三層的資源分配可能因公司而異，其中的一例則如表5.3的數字所示。

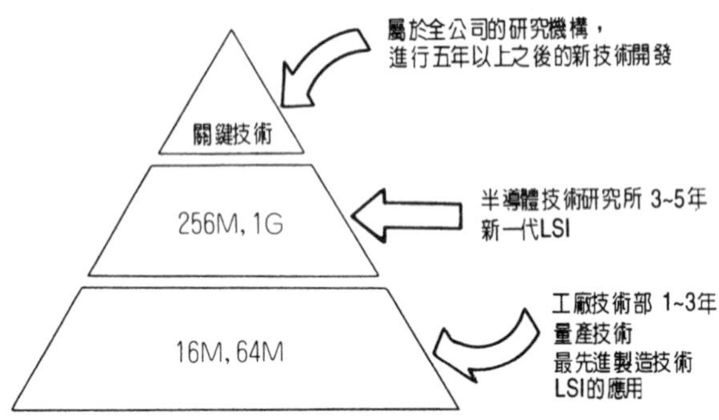

圖5・8 半導體R&D的三層結構

表5・3 半導體研究開發的資源分配

	工程師	研究開發預算	研究開發費		
			研究機構	半導體部門	使用者、其他
全公司性的研究機構	10%	20%	60%	40%	—
技術研究所	5%	15%	—	100%	—
技術部門	85%	65%	—	98%	2%

至於運作此三層結構R＆D（研究開發）組織的關鍵要素（key factor），則如下所述：

1. 三層各自責任的明確化和重疊（overlap）

爲了提高開發速度，重要的是，要明確劃分三層各自的責任。另方面，爲了儘快將開發成果產品化、事業化，必須留意消除各層之間的藩籬，以期能常保如行雲流水般順暢運作事業。爲此，各層除須有獨立性之外，也須有重疊。

2. 資訊的移轉

自己開發的元件是否以極高的良率被生產著；若要將目前生產用製程的改良成果應用於新一代產品，該如何才好─若能在恰當的時機，將適當的資訊流傳，將可激發各層技術人員的鬥志。若從這個觀點來看，則這三層不過是在底部相連的同一領域上作區分罷了。

3. 技術人員的移轉

消除組織藩籬的最好方法即是，各層組織人員的更替流動。運用自己開發的關鍵技術，開發新元件。在製造階段確認自己所開發的元件的功能或良率。技術人員的調動、移動乃此三層研發系統的最大關鍵。

4. 技師長的強大領導力

爲使各層技術人員發揮最高效率、凝聚一體爲同一目標奮鬥，強大的領導能力實不可或缺。研發組織必須在有限的時間、資源內，完成開發。若從這個角度看，則除了決定技術的發展方向外，選擇和集中也是技師長的重要任務。

5. 技術人員的命運共同體意識

只要各層技術人員建立起相互信賴關係，譬如，若工廠的技術人員相信新一代技術終究會在適當時機轉移過來，就可以把全部心力投注在目前的工作上。此外，如果負責開發的技術人員也知道自己開發的產品的成果，將會更努力進行新的開發工作。從這個觀點而言，所有技術人員都可說是命運共同體。

八、線上和幕僚的關係

據說組織的垂直論、水平論之爭並非現在才開始，而是自日本平安時代即有。每當景氣低迷，垂直論即抬頭，而幕僚無用論、cheap government論即蔚爲主流。相對的，當經濟蓬勃發展，業務範圍擴大、變得日趨複雜時，水平論即昂首闊步，而加強幕僚陣容、控制線上（line）的態勢即逐漸形成。如果公司的模式是：由總經理掌控整個公司；或是線上各自獨立，即使在同一家公司也完全獨立自負盈虧，則幕僚無用論或許是正確的，但是大公司的組織、營運並非這麼單純。

擔任副社長期間，我曾在主管的命令下，進行公司內部的業務革新。當時我引以參考的是蘭吉司特的法則。該法則指出，「在戰爭中獲勝的秘訣在於，把七分力量分配給直接戰鬥部門、三分力量分配給支援部門」。

我曾在線上待過很長一段時間，並深感在線上時總難免變得自以爲是，以致前瞻未來的眼光變鈍。所以即便戰況如火如荼，仍需佈置冷靜而可客觀分析整體戰況的部隊。

邁向二十一世紀之際，電子產業已經從以往的量產、降低成本型產業，轉變成講究技術融合、複合與追求技術精緻化的時代。在此情況下，至少就高科技產業而言，由某一組織單位獨力完成所有業務已成天方夜譚，從旁支援、建議、控制的團隊自然是不可或缺。

誠如蘭吉司特的法則所言，七對三的比例還是較恰當的分配。

以前當兵時，曾聽說有號令、命令、訓令等三種指示。

「號令」者，僅說明受令者的任務。

「命令」者，須說明發令者的意圖和受令者的任務兩者。

「訓令」者，由發令者指示方針，並要求受令者積極、主動參與。

號令的效果只能在聲音可及的範圍內發揮，命令的功用則只能在馬匹跑得到的範圍內發揮，一旦範圍超過，則光靠號令、命令將不足以勝任。

一般認爲，在滑鐵盧戰役中，威靈頓之所以能打敗拿破崙，乃訓令勝過命令和號令所致。自始至終只下達號令和命令的領導人，從旁觀之覺得勇猛無比、值得信賴，然而，在當前複雜且多樣化的經營環境下，一個高層主管應具備的並非發號命令或號令的能力，而是發號訓令的能力。

而訓令遠比號令或命令來得困難度高了許多。

馬格雷的X理論、Y理論指出：

X理論：人天生厭惡工作，工作只是為了賺錢。

Y理論：人類天生熱愛工作，為了自我實現會不斷勉勵鞭策自己。

人類是同時具有這兩面的複雜動物。若想讓這麼複雜的個人，爲了組織共同的目標，凝聚一起努力，則單憑命令或號令是行不通的，而這也是訓令的意義所在。在深諳訓令之道的卓越領導人率領下，高效率和均衡發展的「線上和幕僚（line & staff）組織」，才是邁向二十一世紀的正確方向。

休息一下

人在組織中的角色

▽人不是機器的零件

・人會組合資訊

・人會作決定

・人會負責任

・人會創造附加價值

▽企業再造的關鍵在於——將組織中人的角色明確化。

（IBM R・C・藍格）

九、新事業的培育

培育成爲未來主力的新事業，對任何公司而言都是極重要的經營課題。

至於應列爲發展重點的新事業則指「市場潛力無窮、而自己公司尚未投入的事業，且內部充滿著事業化的企圖心、對公司而言應事業化者」。那麼，培育新事業的關鍵爲何？

1. 培育新事業的關鍵要素

(1) 全公司具有堅強意志

首先最重要的是，專案領導人的強烈企圖心和領導能力。高層主管的意志之外，幕僚（staff）的支援也不可或缺。此外，漸進式投資、重點人員配置也極重要，而相關部門之間的合作體制也須加強才可。

(2) 是否有堅強的技術（體質）或是否可以培養

基礎開發、應用開發、事業化的三層結構是否建立完整？此外，技術的體質是否良好，並且可以持續？爲此，有時也必須和重量級企業攜手合作。

(3) 是否有強大的市場、是否可以掌握

除了公司內部之外，還要評估是否可進攻公司外部市場？該市場是否會不斷擴大，又是否爲符合市場需求的新事業？

(4) 可否在國際上通用

可否展開全球性的事業？此外，是否可以活用全球資源？這種時候，是否有貿易摩擦的問題？

2.系統部門與零組件部門合作

對綜合資訊電子廠商而言，系統部門和零組件部門共同合作培育新事業極為重要。不過，如前所述，這兩者之間的關係並非相互依賴的夫婦關係，而必須是以尊敬、信賴為基礎的摯友關係。換句話說：

1. 強大的系統部門和強大的零組件部門合作，將可建造一個強大的綜合廠商。
2. 弱小的系統部門和弱小的零組件部門合作所產生的依賴結構，將導致同歸於盡的結果。
3. 強大的部門有提攜弱小部門的責任。
4. 縱使變強變壯的方法是和公司外部攜手合作，弱小部門也都有強大茁壯的義務。

無論如何，當新事業在系統部門和零組件部門合作下發展成功時，方稱得上眞正的集團經營。

十、W作戰

以下將東芝爲強化半導體事業而實施的全公司專案計畫「W作戰」介紹如下。「W作戰」乃半導體事業落後世界的東芝於一九八二年八月，在當時佐波正一社長（目前爲顧問）的強力領導下，爲力挽該事業而動員全公司的專案計畫。本計畫由當時的西島輝行副社長（目前爲東芝之友）擔任委員長，半導體事業本部爲主軸，再加上幕僚部門、使用者事業部門等，組成全公司規模的專案計畫。

拜此計畫成果之賜，東芝的半導體事業起死回生，不管是在營收方面、獲利方面、技術方面，皆躍居全球一流企業之林，並得以奠定國際地位。

W作戰係由「在全球（WORLD WIDE）贏得勝利（WIN）」之意而來。

關於W作戰，我曾在計畫獲致成功，即將迎接十週年到來的一九九一年，發表了一篇名爲「W作戰—沒有迷惑的時代」，介紹如下：

回顧東芝的半導體事業可發現有數個關鍵時期。首先是「半導體黎明期」（一九五六年～），其次是「半導體事業部獨立」（一九七四年～），到此階段爲止，東芝熱烈投注其中，半導體事業蒸蒸日上。接著，經過爲不景氣和過度投資所苦的所謂「徬徨的時代」（一九七七～八一年），進入「W作戰」（一九八二年～八七年）。若把W作戰締造輝煌成果的目前狀態做一比喻，則半導體事業可說已邁入「壯年時代」（一九八八年～），成長爲東芝內部的穩固支柱了。

和東芝的半導體事業同步走來的我，對每個時期都有很深的感慨。其中尤以W作戰更是我畢生難忘的劃時代創舉。簡單地說，在W作戰之前和之後，公司上下對半導體事業的認知，產生了極大轉變。

W作戰之前，不管業績好壞，半導體事業不過是一個事業部的事罷了。但是，以W作戰爲契機，從社長到員工，全公司上下亟欲把半導體事業培育爲東芝未來的主力、積極投入資源的堅定意志，轉爲明確。

這點由W作戰開始實施的一九八三年到一九八五年爲止的三年間，投下一千四百億日圓的資本，即可證明。由於之前的三年間，投資額低於五百億日圓，因此，此約增爲三倍的投資可謂大手筆。即使跟其他公司作比較，此投資額也提升了五成。在此之前，東芝的投資額約爲其他公司的一半。

此外，這三年內也共計投入了一千兩百名技術人員。這除了只能用「高層的意志」來說明之外，別無其他，正因爲是超越事業部的全公司意志在推動，因此才能締造輝煌成果。

一九八六年，「新W作戰」開始實施。本計畫被定位爲全公司性的計畫，目的是爲了加強產品研發力和推動國際化。實施本計畫獲致的成果包括，在1M DRAM的量產化上遙遙領先其他廠商，並以此1M DRAM爲武器，和摩托羅拉、西門子締結合作關係。而「新W作戰」也在創下佳績之後，功成身退。目前，半導體事業本部已成長爲東芝的一大支柱。

W作戰也即將迎接十週年的到來。然而，不管是眼光總是放在未來的「前瞻性」；抑或無論景氣榮枯，總是持續穩定投資的「一貫性」；或在品種展開、顧客因應，以及組織、人事等事業營運上的「均衡發展」；不只是進出口產品，同時也考慮國際間協調、互補的「國際性」等，這十年間貫穿我們半導體事業的理念，幾乎毫無改變。換言之，自W作戰以後，可說是「沒有迷惑的時代」。

即使邁向二十一世紀，只要不忘記W作戰的理念，相信未來東芝的半導體事業仍將持續維持高度成長局面。

十一、二十一世紀的半導體經營

1. 未來日本應發展的方向

隨著二十一世紀即將來臨，未來日本的發展方向，主要可歸納爲如下三點。

(1) 從製造業轉型爲創造業

從「如何生產」、「在哪裡生產」的製造業，創造出以自己爲核心的技術、建構差別化產品。亦即，轉型爲「要生產什麼」、「要建構什麼」的創造業。

唯必須維持硬體和軟體的良好平衡。

尤其就創造利潤而言，日本的經營者總是傾向於把重點放在「如何生產」，認爲降低成本就是獲利來源，但是，在思考未來日本發展方向之際，必須謹記，半導體的利益在於差異化，亦即，「建構什麼」之中（表5.4與圖5.9）。

(2)從全球的觀點追求效率

對缺乏天然資源的日本而言，技術立國乃唯一的生存之道。而若無硬體，用以立國的技術也不可能存在。工業型態最理想的模式在於，硬體、系統、軟體維持良好平衡。

跟其他國家，特別是東南亞諸國相較下，日本的產業基礎設施已逐漸喪失

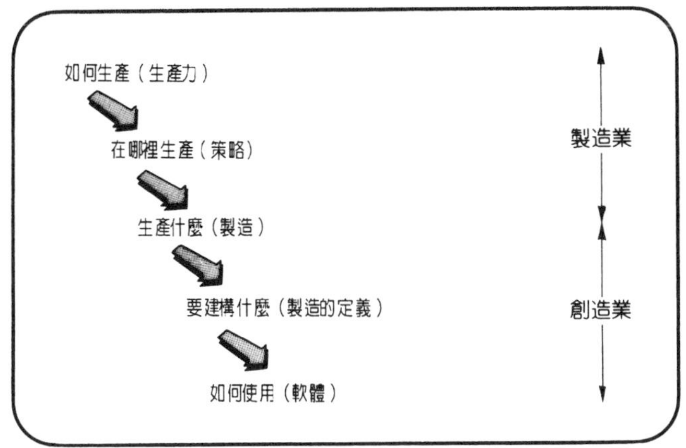

圖5．9　日本產業從製造業轉型為創造業

表5．4　半導體事業的利益來源

創造性	What to make What to build	50%
生產性	How to make Where to make	30%
其他	How to manage How to sale	20%

（東芝，1995年6月）

優勢，因此應引進單憑傳統構想不可能達成的所有革新性創意，戮力改善效率。

再者，把開發、製造的地方劃分爲上游、中游、下游，從全球的觀點追求效率，也極爲重要。

(3)營造出具全球規模的策略聯盟

就高科技產業來說，憑單一企業一己之力自給自足、單打獨鬥，已變得日益困難。爲此，在擁有優越的基礎技術前提下，透過相互合作、互補，追求共存共榮之道，正是國際化時代企業應追求的目標。

2.組織、營運的基本概念

當我還活躍於第一生產線上時，總不敢稍忘下列五點組織、營運的基本概念，而相信即便邁入二十一世紀，這五點也不會有所改變。這五點如下：

1. 確保暢通得宜的人事升遷（有時雖也需要拔擢人事，不過令人心服口服的人事安排也很重要）。
2. 適才適所（不管是誰，只要對其持肯定重視的態度，對方一定會加倍努力工作。若漠視之則必毫無幹勁）。
3. 同一職位短不少於三年、長不多於五年。
4. 建立組織的直向和橫向架構，維持均衡之矩陣式組織。
5. 重生產現場、講實際（廢除爲開會而開的會議、會議應在一小時內結束）。

3. 二十一世紀的半導體產業面面觀

若將邁向二十一世紀的半導體產業面貌做一歸納，將可得到以下數點。

【管理】

1. 推動洞察未來的積極經營。

2. 在巨大的資源負擔中，貫徹現金流量的經營。

3. 透過全球規模的策略聯盟合作，開展事業。

【製造】

1. 謹記製造的神聖崇高，不斷追求更高效率。

2. 爲了減輕投資負擔，應同時生產不同世代的產品、並注意全球市場的擴展情況。

3. 建構以全球爲觀點的營運管理模式。

【技術】

1. 以旺盛的企圖心和積極的策略，不斷提昇自己的技術。

2. 把自己的技術、信條公諸於世，和其他廠商切磋琢磨。

3. 不走國家主義，而應追求全球主義。

十二、經營者應具備的特質

城山三郎（譯註：日本作家，專門寫作商戰小說）指出，經營者應具備探險家、戰士、法官、藝術家等四種特質（參照第七章），而我個人認爲，半導體的經營者尤需具備「洞察力」、「執著」、「國際觀」。

首先，爲什麼需要「洞察力」？其原因如下：

1. 如何從眾多的資訊當中，篩選出具有眞正價值的資訊？

2. 如何跳脫共識（consensus）的經營，轉而向革新性事業挑戰？

3. 如何能不僅只是依賴過去的資料，而可預測未來市場的發展？

上述事項都必須仰賴作爲一個經營者所具備的洞察力來決定。

其次，爲什麼對半導體經營者而言，「執著」乃不可或缺？究其原因主要如下：

1. 半導體爲必須不斷翻山越嶺的險峻路程。

2. 半導體產業競爭極其激烈。其除了是實力和體力的競賽之外，也是意志力的競賽。

3. 半導體產業變化、起伏激烈，景氣低迷時也必須不畏縮、對未來懷抱信心，並鍥而不捨的努力。

這幾點唯有靠經營者對此事業的執著，方能達成。

最後，爲什麼必須具有「國際觀」，這點由半導體事業本身的國際性特質，即可想當然爾。唯眞正的國際人並非指具有豐富的國外經驗或卓越的外語能力，而是指本身具有堅定的信念，並在此基礎下，公平地看待國際社會，並能具體實踐信念的人。

十三、經營者的二十一則信條

一、發展新事業的三個關鍵因素

1. 公司是否有全力以赴的意志？
2. 是否握有或得以掌握強大市場？
3. 是否擁有或得以擁有差異化技術？

二、經營者應有的三個特質

1. 洞察力（作為專業經營者）。
2. 執著（企業家精神）。

3. 品性（身教勝於言教）。

三、進行事業改革時應有的三點心理準備

1. 分辨應改變者和應保留者之智慧。
2. 改變應改變者所需的勇氣。
3. 堅守應保留者的毅力。

四、與預測有關的三句金玉良言

1. 切莫只渴求答案，有時應相信預測。
2. 收集各種現象時應熱心積極，思考時應冷靜沈著。
3. 上天賜予人類的最大幸福是，對不可知的未來充滿希望。

五、三項無法理解的經濟指標

1. 匯率。
2. 股價。

3. 矽週期。

六、競爭三策略

1. 差異化。
2. 集中化。
3. 成本競爭力領先其他同業（cost leadership）。

七、三次經濟革命

1. 農業革命。
2. 工業革命（十八世紀末）。
3. 資訊革命（二十世紀末）。

八、工業革命的三個特徵

1. 集中化。
2. 中央集權化。

3. 規格化。

九、資訊革命的三個特徵

1. 分散化。
2. 分權化。
3. 脫離規格化。

十、日本經營的三個特色

1. 終身雇用。
2. 累進年資。
3. 企業內工會。

十一、蘭吉司特的弱者的策略

1. 局部戰。
2. 接近戰。

3. 一個打一個。

十二、蘭吉司特的強者的策略

1. 廣範圍戰。
2. 確立戰。
3. 集中兵力。

十三、大企業病的三個徵兆

1. 熱衷於市場調查。
2. 會議增加。
3. 組織擁有權限。

十四、製造的三要素

1. 製造什麼——要冷靜思考。
2. 如何製造——要熱心積極。

3. 在哪裡製造-目的要明確。

十五、一流企業的三個要素

1. 尊重人。
2. 宏觀與微觀同時思考。
3. 全球策略。

十六、企業衰退的徵兆

1. 組織、人事僵硬化。
2. 迴避風險。
3. 最高經營者和第一線隔離。

十七、二十一世紀電子資訊廠商殘存的三個條件

1. G：全球性（global）的視野。
2. H：優良的硬體（hardware）。

3. S：完善徹底的軟體（soft）和服務(service)。

十八、差勁的上司

1. 仗著頭銜耀武揚威
2. 厭惡創造性。
3. 用情感判斷。

十九、發展事業所需的要素

1. 體力……產品力、組織力、資金力。
2. 感性……軟體力、系統力。
3. 禮儀（manner）……企業倫理、國際性。

二十、搞垮公司的三個主因

1. 缺乏數字觀念。
2. 欠缺因應各種狀況的能力。

3. 公私混同。

二十一、萬代（BANDAI）社訓

1. 沒有開發就沒有發展。
2. 沒有銷售就沒有生產。
3. 沒有利益就沒有經營。

休息一下

微電子產業經營金玉良言集

▽重生產現場、講實際為日本企業的優勢。

▽日本為商人國家，即使心有不甘，在顧客面前還是要像稻穗般，打躬作揖。

▽幸運是上天賜予、機會是靠自己掌握。

▽晴天愛晴、雨天愛雨。

▽如果漠視人的心理，則再怎麼優越的意識型態都會瓦解。

▽宏觀和微觀同時思考（大局著眼、小局著手）。

▽狩獵型事業和農耕型事業並存。

▽追求硬體和軟體平衡的整合體（integrate-ware）。

▽即使是在複合和融合的時代，也要追求小（small）、簡單（simple）與可獨立性（separable）。

▽二十一世紀的半導體，將繼本世紀之後，更充滿浪漫和冒險。

▽直到生化電子來臨之前，繼半導體之後的仍是半導體。

（東海大學唐津一教授、昇陽微軟公司J．麥克奈利總裁等之言談，川西整理）。

第七章

我的成功法則

「成功」絶不是來自「運氣」，而是嚴格的「堅持理想」。半導體已被公認是二十世紀最偉大的發明。半導體產業的年成長率令其它產業眼紅。當然，正因如此，它也面臨了無數嚴峻的考驗……

一、承先啓後——不斷的追尋和努力

對在社會上工作的人而言，最幸福的莫過於碰到好的人和工作。我對這點可說是感受良深。如果不是憑著多位前輩的指導，以及全公司上上下下的同舟共濟，我決不能從事這份充滿浪漫和冒險的工作長達三十餘年，一路從東芝半導體的開創期走到壯年期。

半導體已被公認是二十世紀最偉大的發明。半導體產業的年成長率令其它產業眼紅。當然，正因如此，它也面臨了無數嚴峻的考驗，但是，從事這樣具有劃時代意義的產業，所獲得的快樂，卻也是無與倫比。在東芝半導體三十五年的發展歷程中，縱使參與者個人所散發的只是不起眼的些許光芒，但是卻在群體的集結發揮下，造就了今天的東芝半導體。

當一個公司從上到下凝聚一心，爲達某目標而奮鬥時，就會發揮驚人威力。東芝的W作戰，正是最佳佐證。

對建構半導體歷史的前人來說，他們所追尋的目標應是，讓半導體事業「無窮無盡的發展」。而「繼承」前人之志，並進行邁向新時代的「改革」和「創造」，正是我們後輩被賦予的重責大任。

二、逆風而行——視嚴苛的環境爲成長的原動力

在苦惱時我常用以勉勵自己的一句話是「視嚴苛的環境爲成長的原動力」。在逆風中前進的秘訣並非避開，而是利用它。

目前，我從事的半導體事業正處於前所未有的嚴苛環境中。雖然這未必只

有東芝面臨，而是世界性的問題，但是我們不可因此就找藉口敷衍或怨天尤人，而應將這視爲絕佳良機，並把這種嚴峻的考驗當作明日發展的原動力。

造成半導體事業高風險的原因主要有三：

第一點是「技術革新快」。以記憶體爲例，從64K DRAM→256K DRAM→1M DRAM，一連串的發展過程，令人目不暇給、毫無喘息機會，然而，也正因如此，才能日新月異、不斷進步。

第二點是「需求起伏大」。從整體的觀點來看，半導體爲一成長產業，但是短期來說卻充滿變數。不過，這個特點卻也爲我們開啓源源不絕的商機。

第三點是「價格下跌劇烈」。由於價格下跌是造成利潤銳減的元兇，因此特別讓人難以忍受。然而，半導體需求大幅提高，卻須歸功於價格快速下跌造成的效果。促使計算機、錄影機、電腦進入我們日常生活之中的功臣，正是這個廉價的半導體。

由此看來，半導體這三個遠比其他事業嚴重的問題，事實上反而是「半導體事業的優勢」。

我們應該把嚴苛的磨練當作躍進的原動力，在逆風中奮勇前進！

三、G、H、S——掌握半導體發展關鍵

雖然半導體事業「產業龍頭」的本質並不會因爲偶有的起伏而改變，然而，日本企業一貫採行「佔有率才是我們的命脈所在」這種稱霸市場的思考模式，現在卻已行不通。

計畫未來新事業體質應以G、H、S爲主軸。

「G」，就是「全球化」(Global)。對半導體事業而言，需要的是「全球視野」的策略。渡里杉一郎先生提出的「CC&C策略」，指的是先擁有通行全球的實力（Competition），再和全球的伙伴、客戶合作（Corporation）、互補（Complement）。

「H」，則是優良的硬體(Hardware)。爲了解決日幣升值、貿易摩擦等問題，日本製造業紛紛出走到東南亞、美國、歐洲。無庸置疑地，如果是作爲營業支援的out-out、或是擴大發展的進軍當地，當然有其必要。然而，當資源缺乏、唯有工業產品可供出口的日本，忘卻製造業的意義和重要性時，面臨的豈止是產業空洞化而已，更是攸關國家存亡的危機。所以日本必須堅持保有優良的硬體才行。

「S」當然是指卓越的軟體（soft）和服務（service）。對高度資訊化社會而言，這兩者意義重大。

將上述G、H、S結合、作爲事業基礎，將是今後電子產業，尤其是半導體事業發展的關鍵。

四、律己以嚴

一個管理者最需要的是嚴格要求自己。

論語有「不患人之不己知，患不知人也」、「不患無位，患所以立」等訓示。

中國的古書《菜根譚》有云：「耳中常聞逆耳之言，心中常有拂心之事，纔是進德修行的砥石」。我們是否能不求部下或上司的美言美語，敞開心胸接受他人或其他部門的嚴格批判或諫言？

女子職業高爾夫球選手岡本綾子曾說：「高爾夫球的重點既不是距離打多遠，也不是nice shot。最重要的是，面對各種狀況時能信任自己到何種程度」。她最厲害的地方應是，能在嚴苛的比賽中抱持堅定的「自律心」。

日本經濟新聞的專欄「我的履歷書」中，琴藝精湛、人生經驗豐富的名小提琴家TSUJI久子女士曾寫道：「當再也無法忍受一人獨自練琴到深夜、無法擊退『即使現在練習時間只有以往的一半，也可以拉得很好』的怠惰心時，恐怕就是我放下小提琴的時候。」這句話實深得我們這些資深管理者的心。

每讀古書或凝聽當代卓越人士的談話，總不禁深感，能夠「嚴以律己」，是管理者能成功指揮、組織眾多成員的重要條件。

五、善用時間

常聽人用「沒時間，所以沒做」當藉口，可是我卻不太認同這種話。愈是沒能力的人，愈是容易把這句話掛在嘴上。

時間不是被給予，而是自己創造的。只要事先把問題作整理，其實可以大幅縮短時間。換言之，不要被工作追得團團轉，而應追著工作跑。

以下是幾位比誰都忙的人講過的有關時間的名言。

「一直以來，我都用有價值的六十秒，填補所有的一分鐘。」（英國柴契爾夫人）

「人生若不能盡全力持續奔跑，未免浪費。我的人生可說和空白無緣。每一天都被工作、興趣，以及與人交往填得滿滿的。」（三井物產前社長　八尋俊郎）

六、慎防「大企業病」

一旦事業成功，則隨著事業擴大，組織也日趨龐大。此時，必定會開始滋生「大企業病」。大企業病會導致大企業體質逐漸衰弱，而被朝氣蓬勃的小企業所取代。

不過，所幸大企業病在初期階段，即會出現徵兆。明治學院大學寺本義也教授等人指出，這些徵兆有：

*會議有增無減。

*即便開了會，也得不到結論。

*對挑戰的反應日趨遲鈍。

*對客户資訊反應遲緩。

*開始大肆進行市場預測。

*重共識、輕專業洞察力。

*不是配合顧客做買賣，而是配合預算做買賣。

*缺乏數字觀念和忘記從基本做起。

*開始緬懷過去的光榮歷史。

*權限變成權力。

眞正的領導者必須敏銳嗅知這些徵兆，並採取適當對策。「注入新血、讓人事恢復年輕」及「大幅更新組織」都是重要方法。

大企業病就像慢性疾病一樣，一旦錯過時機，可就無計可施了。不管處於任何顚峰，都應隨時抱著戰戰兢兢的心情，花心思賦予人事和組織活力。

七、我的十個「教戰守則」

1.以「訓令」取代「號令」、「命令」

「號令」，只說明受令者的任務。「命令」，須說明發令者的意圖和受令者的任務。而「訓令」，是由發令者指示方針，並要求受令者積極、主動參與。

未來的管理，需要的就是「訓令」。

2.有特權也有責任

年輕人擁有以下的特權：不願落於人後的「競爭心」、勇於對抗困難的「挑戰心」、氣憤自己不夠成功的「完美主義」。

而踏入社會、成爲企業的一員後，有責任思考三點：

第一點是，如何發揮自己的能力，達到組織的目的？第二點是，如何才能發揮他人的能力，活用在自己的目的上?第三點是，除了自己觀察周遭，也要想想他人如何看待自己。

3.重視洞察力勝於共識

我曾拜讀金田武明先生爲日本經濟新聞專欄撰寫的「共識的危險」。其內容概要爲，福特汽車公司透過前所未有的周密調查，徹底聽取消費者的聲音之後，推出消費者夢寐以求的車種——EDOCEL。結果卻慘不忍睹。這雖意味著「渴望的產品」和「實際上購買的產品」有落差，不過捨棄專業的洞察力，一味依賴共識，更是天大的錯誤。

我們偏好人和，珍惜共識。但是，我們應瞭解洞察力和果斷更爲重要。

4.用觀察力預測未來

神賜予人類的恩惠之一是「不告知人們未來」。

即便很難，我們還是必須憑著觀察力去預測半導體事業未來可能的發展。

5.青年胸懷志氣、熱誠與微笑

一九四五年，我十六歲時，在海軍管理學校有句話讓我留下深刻印象。當時是戰爭末期，海軍管理學校教導我們：「青年胸懷志氣與熱誠、回顧既往時則微笑」。

6.毅力是在嚴苛競爭中培養而成的自信

這是我在十七歲到二十歲（一九四六年至一九四九年）的高中時代，參加桌球隊獲得的經驗。

從日復一日的激烈練習、嚴苛的校外比賽中，我學到的名言是「所謂毅力，乃是在嚴苛的競爭中，培養而成的自信。」

7.一次不行就做兩次、兩次不行就做三次

在我還是東芝一名年輕工程師的時代，每歷經殊死苦戰、開發產品時，最令我感受深刻的話就是「一次不行就做兩次、兩次不行就做三次，精誠所至，金石為開。」

8.掌握實物、接觸現場

雖然目前是計算機取代心算、繪圖機（plotter）取代手工製圖、文書處理

機取代手寫字、樣本取代實物……的時代，然而正因如此，應隨時留意並把握接觸「現場」、「現實」的機會。

9.具備三種重要的眼光

培養「前瞻性」、「宏觀」、及「全球性」等三種眼光，極為重要。

10.嚴格要求自己

不嚴格就不會執著，不執著就不會行動，不行動就不會有成果。

休息一下

人生至理名言「三項」集

一、上班族的三大幸福

1. 健康。
2. 值得付出的工作。
3. 豐足溫暖的私生活。

二、日本的三種生存之道

1. 技術立國。
2. 有武士道精神的商人。
3. 勤勉、努力。

三、三種眼光

1. 前瞻性的眼光。

2. 宏觀的眼光。
3. 全球性的眼光。

四、在戰鬥中致勝的三要素

1. 天時。
2. 地利。
3. 人和。

五、常勝軍型領導者的三要素

1. 先見之明（領先掌握時代潮流）。
2. 行動力（企業家的精神）。
3. 不屈不撓的毅力（擅長處理危機、不畏難關、愈挫愈勇）。

六、指示的三種型態

1. 號令（指示行動）。
2. 命令（指示意圖和行動）。

3. 訓令（指示意圖、任其自行採取行動）。

七、得以提出對策的三要素

1. 原點導向。
2. 資訊壓縮。
3. 複眼思考。

八、忍耐與智慧

1. 艱難培養耐力。
2. 耐力成就智慧。
3. 智慧帶來希望。

九、專家的三條件

1. 優越的本領。
2. 嚴格的鍛鍊。
3. 職業的良心。

十、企業衰退的徵兆

1. 組織、人事僵化。
2. 迴避風險。
3. 高層主管和第一線隔離。

第八章

前瞻未來的眼光

新技術的誕生，有時的確會造成新的環境問題。但是，我們除了要謙虛、誠摯地因應環境問題之外，同時也應該信賴凝聚人類智慧精髓而成的技術。

從一九九六年一月十日到六月二十六日爲止的半年間，我受邀爲日本經濟新聞晚報的專欄「邁向明日的話題」寫稿，每週一次，共計寫了二十四次。這期間，我寫下周遭發生的一切、平日心有所感的事物、一個技術人員的體認、經營、經濟上的問題，以作爲人生當時的記錄。在此將該專欄彙整爲「前瞻未來的眼光」。

1.人生的旅程

日月為百代過客、往來年歲亦是旅人。（芭蕉「深山小徑」）

回首六十數載生涯，發現我的人生，雖不若「深山小徑」般富有詩意，日復一日卻都是行旅腳步的累積。而且這段旅程並非單純的漂泊之旅，而是如遠藤周作所言，是在「無形的巨大吸引力、巨大力量的引導」下前進。

半導體是二十世紀最具代表性的產業之一，而我有幸自其萌芽初始即參與投入，可說是無上的喜悅。

「半導體是洋溢浪漫和冒險心、充滿挑戰性的行業。」——這雖是我個人的感受，不過，能對今日文明有如此巨大貢獻的產業並不多見。

半導體雖時而成為經濟摩擦的導火線，然而，目前也成為全球性國際合作的雛形。推究它成為國際合作雛形的原因，主要源於該產業在發展過程中所追求的三種精神——(1)不斷提昇本身的核心技術（成為核心的技術、技能）。(2)把自己的技術、信條公諸於世。(3)非國家主義，而是全球主義。

提昇自己的核心技術乃激烈競爭下的切磋琢磨。當前若要達成日本迫切需要的「產業復興」，在要求國家或社會作什麼之前，自己必須先努力。再者，自己的技術如果只想自己保有、隱藏，將不會進步。將這些技術公諸於世，以相互刺激精進，才是發展的條件。

芭蕉在「深山小徑」旅程中，所追求的不僅僅是漂泊或風雅，更在於「對未知自然的憧憬，探索古人的心靈」（麻生磯次）。

「莫追前人之後，追求前人所追求的目標」，芭蕉的這種精神，也充分適用在近代文明的明星——半導體產業上。

2.放眼世界的眼光

卸下任職十年的東芝董事職務後，目前我爲美國和新加坡的一流企業，擔任外部董事。姑且不論是非對錯，我深感日本的高層主管和這兩國企業的高層主管，行事風格有天壤之別。

舉例而言，對公司重要事項作最後決定的組織——董事會（board

meeting），在日本多少流於形式，但是，這些外國企業卻花一整天的時間，針對諸多事項積極議論，並作出決定。此外，因董事成員以外部董事居多，故而也造成自由開闊的討論。

外部董事未必需要具備和該企業專精領域相同的背景，毋寧說，來自不同經驗、想法的意見，才是這些企業所求。爲此，出席並陳述意見乃重大義務之一。

除此之外，還有許多和日本企業不同之處。不光是董事，公司的經營階層有許多是女性。以新加坡來說，董事會的董事長即女性。此外，董事會召開前後，一定會聚集所有董事共進晚餐，有時會安排偕夫人共同參加的交誼場合。更有甚者，不管是董事或執行總裁（executive officer），都有股票選擇權的特別待遇，因而大家必然關心公司的業績。

不同的國家有不同的文化，也各有優缺點。我認爲，視野不侷限於自己所屬的狹隘社會而擴及於世界、不拘泥於現在而放眼未來，在今日更形重要。

不患人之不己知、患不知人也。（《論語》）

3.科學與宗教

我於一九九五年帶著內人首次造訪以色列。以色列有宗教聖地、美麗的自然景觀、又是歷史薈萃之地，近來更躍居高科技的中心。雄偉可蘭高原環繞的加利利湖，顯得靜謐、湛藍又神秘。沙漠中的綠洲—椰利可（Jerico）的街道，充滿優美的翠綠景觀。身體會自然浮起的死海、游牧民族（Bedouin）的孩子們、矗立山崖的希臘教堂，這一切終將成爲畢生難忘的美好回憶。

古都耶路撒冷被視爲猶太教、基督教、回教等三種宗教的聖地，彼此清楚劃分界線、建造雄偉的寺院，並各自堅守古來的傳統。而基督教又分希臘正教、亞美尼亞教會等，類此形形色色教派各擁「聖地」情景，實讓我們外國人嘆爲觀止。同時也令人不自禁地想起這塊土地在長久的歷史中，曾發生過眾多令人悲戚的流血事件。

本是救人救世的宗教，何以不願承認同爲人類的不同立場？很多事都叫我這個凡夫俗子難以理解。

告別以色列之後，我們前往美國。目的是爲了參加在洛杉磯舉行的半導體研討會。那裡聚集著來自世界各地的微電子廠商代表。即使身處激烈競爭，他們依舊傾聽競爭對手的意見，互相切磋琢磨。

何以在科學的領域，人們可以既競爭又合作，但是在宗教的世界，彼此的立場卻不爲對方所理解，且難以攜手合作？這是一趟發人省思的旅行。

月影或四門四宗都只有一個。（芭蕉）

4.不要輸給年輕人

「如果是以前的我，必定放棄了。但是，今天我卻毫不氣餒地跑到終點。這點最叫我欣喜。」一九九五年十一月舉行的「95東京國際女子馬拉松大賽」，在距離終點三十八公里的前方跌倒，卻仍榮獲冠軍的淺利純子選手，賽後發表感言。這段話著實令人喝采感動。

一旦設定目標，就絕不放棄地全力以赴、貫徹始終。即便最後結果慘不忍睹，應該也會留下竭盡全力的滿足感。

雖然大家都說最近的年輕人對「毅力」一詞敬而遠之，事實卻未必如此。馬拉松大賽的結果，正是最好的證明。

明治時代的人常喟嘆「明治精神漸行漸遠矣」，而現代的老一輩則常感慨地說「現在的年輕人啊……」。然而，誠如淺利選手的例子所示，我們必須承認像我們這種五、六十歲的老前輩，反而還有很多地方要向年輕人看齊。

爲了實踐「活到老、學到老」的精神，我和妻子於一九九六年開始一起學電腦。一九九五年底，我們採購了一台配備視窗九五、24MB記憶體、並附有彩色印表機、數據機的個人電腦機種。

向美國友人述及此事時，換來的是「做什麼用途」的單純疑問。的確如果仔細思考，到了這把年紀，既不可能作設計或結構計算，也沒那個興趣玩遊戲或下圍棋。平日的行程管理有秘書負責。而資料的記錄或備忘則有愛用的萬用手冊擔綱。收發電子郵件也似挺麻煩的。

如果非要找出個理由來說明的話，那就是爲了不想落伍、避免老化。換句話說，就是不想輸給年輕人，所以才學電腦。有鑑於有人教導的效率似乎遠比自學高，所以我們選擇上電腦班。究竟一年後會有什麼成果呈現呢？實在令人期待。

青春並非指人生的某一時期，而是指人的心境。（山謬．伍爾曼）

5.企業再造與人

目前，日本企業所面對的企業再造課題中，首當其衝的乃是冗員問題。一般認爲美國企業每每景氣蓬勃時即不斷招募人員，當人員擴張過度時就輕易裁員，事實上，美國一流企業的經營階層絕對沒把人視爲機器或材料的一部份。IBM的R．C．藍格曾在一次訪談中說：「人不是機器的零件。人會組裝資訊。人會下決定。人會負責任。人會創造附加價值。企業再造的關鍵在於，正確定位人在組織中扮演的角色。」

一旦進了大企業，則不管才能或工作態度如何，都可確保安穩生活直到退休——如果這是日本的習慣，則不管是對當事人或企業、社會，絕對有害無益。隨著日本的經濟環境日趨艱困，不管正準備到企業就職的人，或已在企業內部任職的人，都應體認「當不能勝任時，就可能丟掉差事」之嚴苛現實。

對資源缺乏、國土狹小的日本而言，一旦出現大量失業人口，將會造成嚴重的國家問題。果眞如此，則唯有一億名日本人共擔貧乏，或創造新產業以增加就業機會兩種途徑。幸而日本有優秀、堅忍不拔、勤勉的人民。因此，有效利用此人力資源之「技術立國」，正是日本邁向二十一世紀的生存之道。

古代的經典說：「苦難培養耐力、耐力成就練達、練達帶來希望。」只要我們能把日本所處環境的嚴苛視爲發展的原動力、堅忍不拔，並運用練達和智慧，則希望自會主動登門造訪。

6.活用興趣

我歌頌興趣「多元」，不，是興趣「多、雜」的人生。我從年輕時候即嗜好網球和日本象棋（業餘五段）。四十歲以後，開始學打高爾夫球和麻將。現在則熱中於圍棋（初段）和鋼琴。除此之外，每天早上整理小家庭菜園也是一大樂趣。

興趣多、雜的好處是，可以擴大交往圈子、開闊思考範疇、有益保持身心健康、不會無聊等等。鑽研深義奧秘確實是崇高的人生觀，而像我這樣興趣廣泛浮淺不也不錯？何況從興趣中獲得啓發，並得以應用到本行的例子還眞是不勝枚舉。

例如，我長期從事半導體事業，即一直以「網球派」爲行事準則。這些準則不出「對準沒人的地方打」、「在萬里晴空下，公平流汗競爭」、「以耐力貫穿全場、以殺球底定大局」等幾點。

半導體也和日本象棋有共通之處。亦即，兩者都需要研判和直覺。並且都有一定的法則。這些法則包括：攻擊雖重要，但是如果不留餘地，把對手殺得片甲不留，就會引發紛爭；只要策略運用得宜，則敵方也會變我方等等。

至於我最擅長的種萵苣，則需要優良的菜苗和肥沃的菜圃，並且必須在適當的時機施肥。只要稍一鬆懈就會長蟲、雜草叢生，而且也會爲天候所左右。另外，種太多價格就會下跌—這點雖和玩票性質的我沒有切身關係，不過，卻和半導體事業完全一致。

屆退休之齡、從第一線退下的現在，更深刻感受到興趣的功德。每當和六十來歲的伙伴們埋首於相同的興趣時，簡直就像回到過去的青春時代。其中，早就脫離本行，投注於興趣之中的人也不在少數。只不過，如果那只是自我中心、隨心所欲的人生，多少還是有點空虛。

即便貢獻不多，只要能在與社會有所連結、善盡對社會的責任當中，有效發揮自己的興趣，將可獲得無以倫比的快樂。

7.網球人生

雖然技術不怎麼樣，但是四十年來，我一直是網球的愛好者。一年當中，有一百天打網球。我和妻子每逢週末必一同前往打球。如果沒去，接下來的一個禮拜就會心神不寧。出國時也一定會帶著網球拍，因爲在彼方也有打網球的同伴等著。

德國尼德札克遜州的休雷德州長、西門子的科儂副總經理、美國摩托羅拉的賈賓總經理都是我的球友。他們幾位球技都遠在我之上，尤其賈賓總經理堪稱臻於職業水準，而其夫人、公子也加入的家庭網球賽，更令人大呼過癮。

由於球技實難取勝，所以近來我開始試著加上「變化」。說是「變化」，其實也就是以網球爲題材，動腦筋寫點像是俳句之類的詩詞罷了。

「打完網球、喝瓶啤酒、接下來睡個午覺」（這是保持健康的最佳方法）。

「打網球不管敗者或勝者都哈哈大笑」（不過，僅就我們的程度而言）。

「先打網球再工作，然後又打網球」（這是在國外的寫照。其缺點是，工作時想打瞌睡）。

這些連俳句的「俳」都沾不上邊的稚拙文句，雖然貽笑大方，不過，只要大家能理解當事人是藉這種方式消除壓力就夠了。

以沒時間所以沒辦法做什麼事，根本是藉口。時間是可以創造出來的。就這點而言，網球倒是蠻適合培養的興趣。因爲可以在附近地方進行、也不受時間限制。只要目標不是訂得太高，年齡也不是問題。我太太四十五歲才開始打網球，現在也頗能從比賽中享受一定的樂趣。

即使水準有落差，也可藉雙打的組合方式調整。最大的優點莫過於有助消除壓力、長保健康。

8.早起的鳥兒有蟲吃

我現在和任職於公司第一線時的最大不同是，早上上班時間較晚。以前早上六點就已踏出家門，現在則是九點或十點以後才出門。

爲此，晨間時間相當充裕。所以，我每天早上和太太花三十分鐘時間，快步健行到附近寺廟或海岸。

這才發現，四十年來從早忙到晚，鮮少在家，週末則沈迷於高爾夫、網球，竟不曾注意景色就在身邊。

和附近鄰居打招呼、住宅的模樣、彷彿可以看透居住者心靈的優美花壇、隨季節交替而換上外衣的樹木。連身邊不起眼的小事，也有意想不到的新發現。

我住的地方——逗子，有許多非常有個性的住宅，除了格局不同，大門和屋頂的顏色也各有特色。再小的房子，都各盡心思、佈置得爭奇鬥豔。與來往行人打招呼，也充滿心意相通的暖流。

當我驚覺，自己竟在不知身邊有此世界的情況下生活至今，不禁感到眞是虧大了。

孩提時候的逗子海岸是白砂綿延的淺灘，只要沿著沙灘往前走，沒多久就是岩場，如今公路通到海岸邊，以往洋溢浪漫情調的光景已不復見。

雖然如此，只要站在所剩不多的沙灘上，來往的波浪看來仍宛若昔日。一旦看得出神，每每就像孩提時候一般，忘記時間的流逝。遼闊、一望無際、湛藍的大海，令人感到「現在」不過是短短的瞬間罷了。

晨間散步的「功德」，有益身體健康固不待言，還可以在愉快的心情下開始新的一天。早起果然好處多多。

清晨再次降臨此地、早晨與我們同在。（島崎藤村）

9.忍耐與創造

蘭霍爾德・倪巴的祈禱詞中，有下面一段話：「神啊，請賜給我們接納無法改變的事物的果斷、改變可改變的事物的勇氣，以及分辨兩者之不同的智慧。」

一般咸認，當前日本不管是政治、行政、產業，都面臨變革的時刻。然而，這並非意味全盤改變一切。是必須一面保存日本優良的傳統、文化，一面實施變革。爲此，誠如這段祈禱詞所說的，分辨什麼該改變、什麼該保留的智慧；把應改變的事物大膽改變之勇氣；把應保存之事物好好保留下來的耐心，將成不可或缺。

每逢景氣跌入谷底，「選擇與集中」一詞即蔚爲流行，並成爲公司的重要課題，雖然這就是，在目前從事的事業中應留下什麼、割捨什麼、創造新事物……的問題，但事情沒有這麼簡單。

我擔任半導體事業負責人期間，爲了把各式各樣的半導體培育成獨當一面的事業，可說費盡苦心。其中尤以目前的明星產業——記憶體爲甚。記憶體由於每三～四年即有一次世代交替，因此價格跌落幅度劇烈，事業開始之初虧損累累。

俗話說「桃、栗三年、柿八年」，記憶體近似柿子。不過，如果因爲不開花結果就耐不住性子，那將永遠得不到果實。

我目前也從事精密陶瓷的工作，這個領域也曾有個時期，掀起足以牽動股價的熱潮。這個產業是個需要不斷投入的事業，目前也仍一步一步地持續進行研發。幸而近來「綜效精密陶瓷」的概念被引進，邁向事業化的突破契機即將出現。

金雞蛋並非偶然從天而降，而是忍耐和努力、智慧的結晶，除此之外，別無其他。

10. 新加坡

「新加坡也是一個勁兒往先進國家之林邁進，我深盼保留其成爲一個具有亞洲傳統，亦即，有規律、遵守法律和秩序、具有得以確保社會健全發展的道德觀的社會。」（『日經商業』一九九五年一月二日的吳作棟首相的發言）

從幾年前開始，我受聘爲新加坡科學技術廳的顧問，每年都會數度到當地視察或舉行討論。

新加坡是一個人口三百萬、面積和日本淡路島相近的蕞爾小國，幾乎沒有天然資源，也沒有生產糧食，同時人事費用也比鄰近各國高，可說各種環境都處於劣勢。然而在這種條件下，該國何以能擁有世界一流的生產力和競爭力，而且包括國外企業的投資在內對製造業的投資歷久不衰、長期維持亞洲國家屈指可數的工業國地位於不墜？

我擔任顧問的科學技術廳，以微電子的研發爲主，但另一方面，也不忘製造的重要性，將GDP（國內生產毛額）的25%投入製造業，並致力避免空洞化。此外，奮力學習他國長處、聽取各種意見，將所得的教訓有效運用在自己國家的方針上。

前往新加坡的旅程，只能用高效率來形容。傍晚從日本出發，半夜抵達。機場到飯店的路況通暢無比，隔天一早即舉行會議，議程規畫完善，絲毫沒有時間的浪費，可以在短時間內進行內容豐富的資訊交換。等工作結束，搭乘夜晚的飛機，隔天清晨即可回到成田機場。

要像新加坡這般簡潔明快地處理事務或許有困難，不過，即便不能做到，那些代表國家的人，難道不能保持清廉，並以開放的態度明確提出本身的想法，提出具有長遠眼光的國家方針嗎？

士君子處權門要路，操履要嚴明、心氣要和易。《菜根譚》

11. 資訊中的冥想

置身於目前的資訊化社會，最大的問題之一，大概是如何在幾近氾濫的資訊中，篩選出眞正需要的資訊。

造訪美國企業時，我看到「閱讀電子郵件吧」的標語。之所以產生這標語，應是傳出的資訊並未被閱讀所致吧。

當我還是個經驗淺薄的半導體工程師時，曾有過一早到公司，和朋友一起，一字一句從頭到尾仔細閱讀唯一的一本英文文獻的經驗，當時獲得的知識對我後來幫助極大。

當渴求資訊、追求某種東西時，即便是微不足道的小事都會顯得光輝耀眼。

然而，處於當前的資訊洪流中，研判資訊的「感性」即變得格外重要。此感性唯有憑藉智慧、經驗和努力，從經過鍛鍊再鍛鍊的洞察中，方可獲得。而爲了磨練這種洞察力，有時斷絕資訊洪流，沈湎於冥想之中也極爲重要。

我覺得，和自然對話尤其能夠培養敏銳的感性和洞察力。也許望著遼闊天空的行雲，可以任思緒馳騁於事業的未來，找到野地裡一朵不起眼的小花，可以發現新事業的種子也不一定。

自古以來，出色卓越的詩人對自然的感性尤其敏銳。有時甚至短短一句話，就可以給予我們勝過千言萬語的資訊。

誠如芭蕉的「莫忘記、灌木中的梅花」所言，也許在意想不到之處隱藏著重要訊息也不一定，或許在讀過「沒有各種青草襯托，哪得百花爭奇鬥豔」之後，會領悟到應該更公平地評價部下。

如果讀島崎藤村《早晨之歌》中的「東邊的雲彩中有光芒、這裡有歲月有開始、那裡有道路有力量……」，則失敗頹然喪志時，或許能夠重拾希望。有時，暫別一切塵囂瑣事，走向高山、瞭望大海、親近花草、靜靜地沈湎於冥想之中，反而會發現資訊眞正的價值，以及找到自己新的寄託、恢復活力，不是嗎？

12.何謂國際化

「真正的國際化是，把國外不做的，拿到日本國內培育茁壯。」（西澤潤一，前東北大學校長）

雖然高喊國際化已久，然而日本的貿易順差、難以理解的文化、複雜的許可、認可制度等，卻一直遭到國外批評。加上東南亞各國在製造方面不斷迎頭趕上，以致政界、產業界都對什麼才是眞正的國際化感到迷惑、並喪失了自信心。

根據某智庫指出，國際化有三大方向。

其一爲「global」。亦即，將自己的力量擴展至世界各地，而到國外設據點即相當於此。到國外設據點雖對改善貿易逆差或local content等可用數字表現的層面有所助益，但是也會對國民情感或政治等層面，產生微妙影響。

其二爲「multinational」。從技術開發到製造、銷售，皆全部予以本土化——以這種型態進軍世界各地的方式，以往被認爲是國際化的典範。但是，也有人指出，這種方式並不適用於類似高科技產業等要求相乘效果的產業。

第三個方向爲「transnational」。基於所謂「共生」想法的國際化，亦即，在本身擁有世界通用的核心技術前提下，超越國界進行互補、互相合作。誠如西澤教授所言，只要擁有國外沒有的技術，則國外人士就會對日本產生興趣，而這將成爲國際化的出發點。

我還在第一線時，即一直戮力推動此「transnational的國際化」。並分別和摩托羅拉在半導體方面、和ＩＢＭ在半導體和液晶方面、和西門子在記憶體方面，進行共同開發、共同生產。尋求國際合作，我認爲首先不可或缺的是，本身需擁有足以吸引其他企業的技術。

13.製造的樂趣

在貨幣便宜的地方製造、昂貴的地方銷售——這是全球性製造的原則。但這一來，日本的製造業將何去何從？即使邁進資訊化時代、軟體的時代，如果沒有硬體，將不可能屹立於世界，若捨棄硬體，大概也無法養育一億多名日本人。

我在社團法人SHM（電子封裝技術協會）服務，這個協會是個用心思考「該怎麼做才能讓組裝技術繼續留在日本」的團體。除了常爲年輕人爲主，舉辦爲期數天的活動、進行討論之外，也和國外頻繁地進行國際交流。

只要嘗試研究、努力，就會開啓出許多道路。隨著電子機器日趨個人化、可攜帶化，微細封裝技術乃大受矚目，同時材料、設計、製程、技能等唯有日本才有的完善基礎，也逐漸受到認識。

長久以來，我一直在東芝負責製造相關業務，我認爲製造有五大樂趣：(1)能使創造性和自我實現獲得滿足；(2)努力、忍耐和智慧凝聚一體，並得到回報；(3)由於在團體中，個人的能力會受到考驗，因此可鍛鍊社會性；(4)切合缺乏天資源、技術立國的日本的職場；(5)可以透過產品，和世界各國的人們攜手。

日本並非一開始就長於「製造」。而是憑藉著日本人天生的耐力、組織能力、細心謹慎，從戰後的斷垣殘壁中一路邁進而來。

如同工業革命的肇因——蒸汽機是在蘇格蘭的偏遠鄉村發明的一樣，以往的技術革新，毋寧說都是在嚴苛的環境下產生的。

環繞日本製造業的環境可謂極其嚴苛。但是，我們豈不應該將此嚴酷條件，視爲邁向未來的原動力。

14. 經營者的條件

作家城山三郎認爲，一個經營者必須具備的資質乃是，同時兼具探險家、戰士、法官、藝術家等四種要素。

雖然勇於對抗風險的「探險家精神」乃經營者所不可或缺的條件，然而日本的經營者是否充分具備美國高科技企業所擁有的挑戰精神呢？

而所謂「戰士」則指衝勁十足，不過其條件仍在於年輕。在沒有爬到階梯頂點就無法成爲高層經營者的結構下，當好不容易躍升爲經營者時，只怕是成熟圓融有餘、但衝勁鬥志不足了。

所謂「法官」應該是指必須嚴以律己，而這本是作爲一個高層經營者理當必備的要素。以美國來說，最高經營者的一舉一動都在外部董事的監視下，自動發揮淨化作用，然而，日本呢？

最後的「藝術家」，應該是指經營必須有創造性。然而，在日本愈具有獨創性的人，遭遇挫折的可能愈高不是嗎？

我曾參加美國某一流企業的股東大會，會議費時半天，一開始先由總經理用投影片，說明公司的業績，接著，由董事長發表邁向二十一世紀的經營願景（vision）。然後，大約花費一個鐘頭，接受股東們提出約莫二十個以上的問題。

雖然其中有些問題相當尖銳，但是董事長皆以慎重、明確，時而夾雜著幽默的口吻，誠懇應對。股東大會結束後，包括我們外部董事在內，大家一面啜飲咖啡，進行聯誼，氣氛非常融洽和樂。

雖然只是一年一次參加國外企業的股東大會，但仍發現其和日本企業的股東大會，有許多不同。

我覺得隨著國際化腳步日益加速，日本的經營者應具備的條件，也逐漸產生變化。

15. 創業家和社會

雖是舊聞，但仍要一提的是，大相撲春季賽在貴乃花榮登寶座下閉幕了。就他贏得十二次冠軍一點來說，創下了和雙葉山並列史上第五的記錄。他可以說正一步一步地邁向大橫綱之路。另方面，霧島也在此時宣佈引退。我們想用掌聲對這位三十六歲、挑戰自己體力極限的前大關致意。

就在春季賽結束的同一天，日本足球隊在睽違二十八年之後，再次獲得出場參加奧林匹克運動會的資格。看到十一名選手全力以赴的模樣，沒有一個人不深受感動的。

踢進兩分的前園主將在接受訪問時，絕口不提自己的功績，而將勝利歸功於團隊、教練、工作人員，以及在比賽現場、電視機前面加油的球迷，他這種不居功的風範，令人印象深刻。

目前日本產業界期待「創業家」出現的論調高漲。創業家精神必須要有自我主張。不畏懼陳述己見、並付諸實行才是在競爭激烈的社會中生存的條件。而個人的成果也必須直接以成功報酬的型態，受到認可。成功的創業家坐擁鉅額財富，眾多懷抱此種夢想的年輕人則緊追在後、不絕於途。

然而，社會並非單純到只由創業家或成功者所組成。我們絕不可忘記，一個成功的故事，乃是由許多踏實不起眼的努力所建構而成。而那些作不起眼努力的人們，甚至連自我主張也不會，只是心甘情願地作一個「世人無法發現的花或屋簷下的栗子」（芭蕉）。竭盡全力、贏得勝利乃體育競賽的目標，此目標有著體育競賽的爽快明朗。但是，正如同勝者安慰敗者、活躍的明星讚揚背後支持自己的人之光景令人動容一般，日本應有的產業風貌也在於：帶動事業起飛的創業家和在背後支撐其成功的無名英雄，都應受到公平的評價和回報。

16.亞洲的半導體

我擔任團長率領半導體調查團的二十多名團員，一起到韓國、新加坡、馬來西亞、台灣訪問。這些地區堪稱是全球對半導體最狂熱的區域，每個國家都將發展半導體事業揭櫫爲「國家政策」，積極加強開發投資。以往，這些國家乃以半導體製造過程中比較傾向於勞力密集的「後製程」爲主力，但是，現在則已逐漸把重心轉移到需要鉅額投資和優秀工程師的「前製程」(晶片製程)上。

同時目前已高達十五兆日圓規模的半導體產業，不侷限於先進國家，而逐漸擴及於開發中國家——這樣的發展趨勢可說是理所當然，並值得高興。

日本視此半導體產業爲獨門武藝，並曾有一段時期產量高居世界第一，但是近年來，卻在「製造什麼」方面，落後美國；在「如何製造」方面，面臨韓國和東南亞國家急起直追的威脅。

目前的日本正可說是處於邁向二十一世紀、面臨變革的緊要關頭。

不過，在拜訪過各國之後，我深深地感覺到，每個國家都有各自的問題，並殫精竭慮、傾力克服。各國的問題包括技術人員不足、設計能力不夠、過度依賴記憶體、偏重晶圓代工（由客戶設計，廠商僅負責製造）事業等等。

日本雖然也有許多待克服的課題，但是，只要憑藉日本人的聰明才智和努力，必定可以從中發現新的發展方向。此外，我也深感日本和韓國、東南亞各國未來不應只把彼此視爲半導體產業的競爭對手，而應成爲互相截長補短、協調的合作伙伴，尋求相互發展之道。

半導體，尤其是ＬＳＩ，可說是由硬體和軟體構成的系統事業。而這也就是爲什麼既不能偏重硬體也不能偏重軟體，必須維持良好平衡的原因，不過，對日本而言，整合亞洲各國擅長的硬體和美國卓越的軟體之「整合體（integrated ware）」，乃是最理想的型態。

17.半導體事業

半導體是一九四七年於美國發明。

東芝雖然從一九五一年即著手進行半導體的研究，卻在一九五六年才開始生產電晶體。而我則幾乎與此同時開始從事半導體事業，並一直持續至今。

當時，東芝生產的matsuda眞空管享有「東洋第一」的美譽，同時在東芝眾多員工多數都認爲價格昂貴、品質差、性能低劣的電晶體，將來即便可以取代眞空管，最高極限大概也只能取代其市場的百分之十左右。

然而，這當中卻有一位頗具先見之明的前輩獨排眾議，提出「半導體因爲採數位結構，比較簡單，因此預料不久的將來，將會超越眞空管」之見解，他說的這句話，我到現在都還記得。

這位前輩雖已在一九九六年初往生另一個世界，然而半導體不僅如其所言取代了眞空管而已，更開啓了另一個截然不同的嶄新世界。要毀壞煞費苦心建構而成的金字塔，再重新打造新的紀念碑（monument），困難常會如影隨形。特別是如果那個金字塔優良卓越，則更是如此。

半導體事業之發展可歸納整理爲如下三點：(1)莫看暫時性的波浪起伏、看長遠的潮流變化；(2)同時思考宏觀與微觀兩種層面；(3)將世界納入眼界的國際視野。如前所述，半導體產業不是市況追隨型的產業，而是市場創造型的產業，每每陶醉在自我滿足之時，就會突然被擺一道。

我最引以爲傲的是，日本在邁向二十一世紀之際追求的產業改革雛形，就在半導體產業之中。

18.人員管理

「治大國若烹小鮮、治小國若烤大魚」

這句話的前半引用自老子，後半則是我自行創造。

其意思係指，除了治理一國政治之外，管理一個大的組織，也要像煮小魚一樣，位居最上層的人不應凡事干涉，而只要偶爾打開鍋蓋，看看煮到什麼程度即可。如果動不動就攪動翻面，則鍋裡面的魚將會煮得不成魚形。

相對的，管理小組織時，就要透過主要核心，用大火把裡裡外外烤熟，毫無疏漏。換言之即是，發揮強大的領導能力，朝著目標鼓舞士氣前進。

如果仔細觀察就會發現，再怎麼大的企業，都是小組織的集合體。因此，整個大組織的領導人的角色和執行團隊等較小組織的領導人的角色，自是有所不同。事業部長就要像烤大魚，而社長、會長（董事長）就要像烹小魚。

從前在軍隊的時候，曾聽說過有號令、命令、訓令等三種指示。其中，「號令」者，僅說明受令者的任務。「命令」者，須說明發令者的意圖和受令者的任務兩者。「訓令」者，由發令者指示方針，並要求受令者積極、主動參與。號令的效果只能在聲音可及的範圍內發揮，命令的功用則只能在馬匹跑得到的範圍內發揮，一旦範圍超過，則光靠號令、命令將不足以勝任。

一般認爲，在滑鐵盧戰役中，威靈頓之所以能打敗拿破崙，乃是訓令勝過命令和號令所致。自始至終只下達號令和命令的領導人，從旁觀之似乎顯得勇猛無比、值得信賴，然而，面對當前複雜且多樣化的經營環境，一個最高經營者所應具備的並非發號命令或號令的能力，而是下訓令的智慧。而訓令又遠比號令或命令來得困難、高度。

管理個人或組織時，必須謹記：人並非只是爲了賺取收入而工作，更透過工作不斷追求自我實現的機會。

19.願望實現

懷提爾（John . D . Whittier）有一首名爲「我的願望」的詩。兩個剛完成學業的少女，暢談未來的抱負。一個說想成爲女王，另一個則說想看看廣大的世界。數年後兩人再度重逢時，其中一位說，她雖嫁爲窮人之妻，但是所愛的丈夫是國王、和樂的家族是人民、無保留的愛則是她的法律，因此她實現了成爲女王的願望。

另外一位則因爲母親罹患重病，爲了愛和克盡爲人女的義務，因此幾乎所有時間都在病房度過，無法出去看看廣闊的世界，雖然如此，她卻認爲病房裡有屬於她的眞正世界。兩人因此緊握彼此的雙手，並感謝擁有的這一切。

長久的公司生涯中，難免偶有不如意的事情。四十來歲的時候，我曾奉派到地方工廠擔任製造部長。時逢景氣谷底，我奉派遣調的工廠也被迫必須把員工調出去支援其他工廠，狀況極爲艱難。因爲是留下妻子，隻身一人前往無法生產產品的工廠擔任製造部長，因此心中的苦悶寂寥自不在話下。當時，躍入我眼簾的正是這首詩。

這兩位女性對上天給予自己的命運持肯定態度、並心存感激、盡最大努力因應，這種精神深深打動我的心。而最令人意外的是，就在我上任的第二個月，景氣竟開始迅速復甦，工廠爲了趕貨忙得團團轉，擔任製造部長的我更因而得以充實地工作。

家父生前擔任內務官僚，他最常掛在口頭上的一句話是「工作和地位是被賦予的，應該對被給予的事物心懷感激、傾注全力。」既然身爲人，當然會對工作和地位懷有欲望，然而即便如此，在人生中，有時轉成這種與世無爭的心境，也極爲重要。

我自己也是在退下第一線、脫離了工作和地位的現在，才彷彿瞭解父親教誨的眞正意思。

不患無位，患所以立。不患莫幾知，求為可知也。（《論語》）

20. 效法美國

一九六〇年，亦即進入東芝的第八年，我首次前往夢想中的國度——美國，研修半導體。此次出差主要是基於東芝和全球的半導體先進企業GE、R

CA、WE(Western Electric)締結的技術契約。當時的美國長官特別寬大、親切，對我這個來自戰敗國日本的年輕技術人員既和善又禮遇有加。除了白天工作之外，晚上也常受邀共進晚餐，我不禁驚嘆美式生活的溫馨悠閒。

當時公司支付我的津貼爲一天十八美元，我總是盡可能挑便宜的旅館、便宜的食物，再把剩下的美金拿來買各種美國的優良產品。原子筆、組合式玩具、氟樹脂加工的平底鍋，這些對當時的日本而言，全都是新奇難得一見的商品，因而也就成了送人的最佳禮物。在甫自戰敗後的廢墟中復興的日本眼中看來，美國的一切是那麼的繁榮優越，令人不禁沈思究竟要怎麼做，才能多少趕上這個國家的腳步。

其後經過二十多年，日本的半導體也大幅茁壯成長，有一段時期，在產量方面甚至有凌駕美國之勢。而日美半導體問題也搖身一變成爲政治問題。我也以日本方面的當事人身份，被捲入這個問題之中，度過一段非常緊張的時期。唯即便在當時，我個人還是無法把「半導體是由美國傳授」的想法拋諸腦後。幸而其後在民間層面，雙方建立了密切的合作關係，如今半導體甚至可說已逐漸成爲日美合作的典範。

而我本身則在擔任東芝的常任顧問之餘，也擔任美國半導體生產設備廠商的外部董事，成爲不僅對日本，也能對全球半導體業界奉獻菲薄心力的立場。

半導體業界已經從競爭和協調，轉變爲超越國境的共生關係，而我個人的角色也逐漸蛻變了。

21. 新綠時節

四季當中，我最喜歡新綠時節。綠油油、洋溢著生命力的新葉、能讓眼睛休憩的翠綠樹木、落英繽紛之後的靜謐沈穩，那是百花怒放的春季結束、光輝耀眼的夏季來臨之前的短暫時刻。三浦半島還保留著許多成蔭綠樹。雖然目前住宅地已開發到三崎，不過奔馳在橫濱橫須賀道路上時，依然可以欣賞到盎然的綠意。

人本是自然的孩子。據說不管是美術或藝術，都是在與自然對話當中創造完成。我畢生從事的電子產業，也和自然脫離不了干係。其當然不是自然原始未經雕琢的風貌，不過卻可說是透過人類的探究力、創造力，從自然中引導而出的精緻世界的斷面。

舉例來說，若觀察高科技的象徵——記憶體的顯微鏡擴大照片，將可發現，其雖是半導體技術這個長達半世紀的努力結晶和巨大資本所孕育而出的產物，但是卻可從其中窺見以自然爲對手、追求眞實永不歇止的人類知性。

戰國時代的武將武田信玄曾說過「春季櫻花嬌媚、秋季紅葉明淨、夏季的清涼恬淡、冬季的沈默鈍重，都是人類也具有的特質，不能說孰是孰非。重要的是運用者須如天體運行般，讓這些人適得其所，如此一來，萬象皆有能。」（吉川英治著《太閣記》）。不管是人的心靈或情感、技術或產業，都可說是從和自然的對峙當中醞釀而出。

在自然的變化流轉中，畢竟還是接觸新綠最令人心情放鬆，同時感受生命的生生不息。

22. 環境與科學

環境問題乃工業化社會的重大課題。據我長期從事半導體製造的經驗，環境問題應該是比追求效率或擴大產量還要優先考慮的重要課題。目前半導體工廠平均一座工廠，約需要一百億日圓以上的環境投資。雖然進展至今頗花了一點時間，不過，被視爲造成地下污染原因之一的不燃性液體（trichloroethylene）已經全部禁止使用，而被視爲破壞臭氧層原兇的冷媒也已全部爲其他清洗劑所取代。

從正面的意義而言，毋寧說半導體產業對環保貢獻良多。例如，被視爲理想能源的太陽電池是半導體，而在清潔汽車排放的廢氣上，半導體也發揮極大功用。此外，在降低個人電腦、電視機、錄影機等機器的耗電量上，液晶和半導體乃不可或缺。

日昨，東芝最先進的半導體工廠附近的小河流，發生死魚漂浮河面的事件。此事件雖然引起一陣騷動，以爲造成公害，然而事實剛好相反。由於當時工廠放假，平日從工廠流出的乾淨排水中止，這才發現是日常生活的排水造成

23.人生的選擇

古時候的經典中寫著，有四種去向是無法掌握的。這四種去向即「在天空中遨翔的鵰的去向」、「在岩石上爬行的蛇的去向」、「在大海中航行的船舶的去向」、「男人走向女人的去向」。

在人生的旅程當中，迎向明天的道路充滿著不可知。如果因爲不可知就亟欲將所有道路體驗一遍，則不僅在有限的生命、有限的智慧下不可能做到，而且一旦進入平坦易行的道路，往往會立刻成其俘虜，最後只能窺知極其狹隘的世界。

換句話說，人生可說是一種「賭注」。但是，重大、令人決定下賭注的機會並非太多。升學時塡志願選系、選擇職業，以及選擇人生伴侶等，即相當於上述下賭注的機會，而如果是企業家的話，決定每一時期的經營方向即是在下污染。

新技術的誕生，有時的確會造成新的環境問題。但是，我們除了要謙虛、誠摯地因應環境問題之外，同時也應該信賴凝聚人類智慧精髓而成的技術。一般認爲，人類如果不仰賴人工的環境——亦即文明，則在與生物相同的條件下將無法生存。本川達雄博士認爲，人類的人口密度高達維持自然原樣時的生存極限的二十五倍，並同樣消費二十五倍的能源（秋元勇巳著《靈活應變的世紀》）。

與自然互動的過程中，以積極、肯定態度看待人類活動的卓越人士非常多。既是詩人也是技術人員的宮澤賢治，亦是其中之一。因此，自然和文明並非對立的，我們相信，透過賢明且謙虛的有識之士當介面，將可使兩者並存。

賭注。

唯不管其人多麼優秀，都無法保證所選擇的結果一定順利如願。想成爲人生的成功者，關鍵盡在如何提高做正確選擇的機率，以及能否把失敗的經驗活用在下一個選擇上。

企業在做選擇時，爲了人和、重視共識，常常會不斷重複進行會議和調查。然而，我們也不可忘記，洞察力和果斷其實才是最重要的。

德川家康曾說「只知勝利滋味，沒嘗失敗苦痛，將有害其身。」此即，從成功中學習極爲容易，然而從失敗中記取教訓卻很困難。

這是因爲人都巴不得早日忘卻自己的失敗，更別提會主動分析失敗的原因了。

卡爾．希提認爲擁有堅定不移的人生觀、美滿的婚姻、擁有好的工作、健康的身體，乃是人生的「四福」。

爲達成此「四福」目標，年輕時候所做的選擇至爲重要，而即使年歲日長，依舊還有許多選擇的機會。

24. 奉獻之時

人生有三個階段。亦即，「鑽研的時期」、「實現的時期」、「奉獻的時期」。

所謂「鑽研的時期」乃指，接受父母、學校教導，成長茁壯的階段。大約是從幼年期到二十五歲左右。

所謂「實現的時期」乃指，作爲在社會工作的一員，用自己的人生追求自我實現的階段。這個時期乃三個階段中最長者。

至於「奉獻的時期」則是指，年紀已過六十歲到六十五歲，從社會的第一線退下之後。

認眞鑽研、充實自己的人，出社會之後如果可以提昇自己，充分達到自我實現，則奉獻的內容也會豐富多樣。

我的人生也已進入「奉獻的時期」。至於該做什麼，具體而言則有如下數項：(1)把自己的能力多少回饋給照顧我的社會；(2)補償爲自己做了不少犧牲的家人；(3)善待工作了近半世紀的自己。可以靠一己之力完成的事可說微乎其微，大部份都要靠許多人的支持，始成爲可能。

我既沒齒難忘公司對自己的照顧之恩，同時也深盼能對鍛鍊培育自己的世界半導體業界有所回報。再者，子女皆已長大成人、離開父母身邊，我和妻子又再度恢復相依的兩人世界。兩個人每天相處的時間，遠較我還位居第一線時來得長久。

如同在新聞的短歌欄中所讀到的「所有回憶皆淨化、年齡增長展現眞實原貌、此即夫婦」，我希望永遠保持一如此短歌所描述之恬淡且溫暖的夫妻關係。

目前，我除了對六十多年來能度過充實的每一天心存感恩之外，今後，我希望能在氣力、體力允許的範圍內，自然維持現況、輕快明朗地送走飛逝腳步勢必遠較以往爲快的歲月。

廣爲人知的中國的處事哲學經典《菜根譚》中，有一句「日既暮而猶煙霞絢爛、歲將晚而更橙橘芳馨」，如果可以，我希望能達到這樣的境界。

謝詞

我以往不曾寫過系統性長篇文章，因受到我所敬重的工業調查會志村幸雄社長之鼓勵，而產生執筆本書的動機。本書內容則以曾發表過的演講或稿件爲基礎，加以補充潤飾而成。

回顧我的半導體生涯，憑一己之力完成的事可說微乎其微，當我想到凡事都是在眾人的協助、指導下達成時，我不得不說，這本書的內容事實上也是在許多卓越人士的指導、建議、鞭策指正下，方得完成。

我還是半導體工程師、課長、部長時，直接握我的手、拉我的腳，一步步教導我的是西島輝行先生（前東芝副社長、現在爲東芝之友）。置身經營、技術瞬息萬變的半導體事業中，他一直以積極、泰然的態度處之，對繼其後的我們而言，他可說是位眞正的良師。

成爲東芝董事之後，我從歷任社長身上獲得許多教誨。佐波正一社長（現爲顧問董事）教導我國際視野和遇事下破釜沈舟決心的果斷；渡理杉一郎社長（現爲顧問董事）教導我對待顧客的態度、體察人心的方法；青井舒一社長（現爲顧問董事）教導我在縝密分析前提下實行之方法、與相關部門合作的作法；此外，從佐藤文夫社長（現爲會長）身上，我更學到洞察力對經營的重要性。

家母高齡九十八，依然健朗。雖然體力大不如前，但是在虔誠的基督教信仰支持下，思考依舊條理分明。自孩提時期至今日，她一直關懷守護著資質成就不如其他兄弟的我，而這份溫情一直是我最大的支柱。

我也想藉此機會對深愛的妻子、兩個女兒表示感謝，她們總是以體諒關懷的態度，包容我在職時勞心勞力的沈重工作量。其中，妻子榮津子更用剛學會的個人電腦，幫我製作本書的部份原稿。我之所以能在較預期短的時間內完成本書，皆歸功於內人的協助。

此外，謹此向我的前輩、親友致上最誠摯的謝意。即便已卸下職務，我仍和其中許多人擁有討論當前問題、共同緬懷往事的機會。這也是雖然艱難卻不斷往前邁進的半導體產業，送給我的最好禮物。

117 台北市羅斯福路六段142巷20弄2-3號

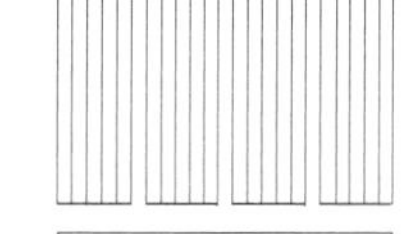

廣告回信
台灣北區郵政管理局登記證
北台字第10227號

大塊文化出版股份有限公司　收

地址：＿＿市／縣＿＿鄉／鎮／市／區＿＿路／街＿＿段＿＿巷

＿＿弄＿＿號＿＿樓

姓名：

編號：TM 05　　書名：日本IC教父川西 剛

請沿虛線撕下後對折裝訂寄回，謝謝！

讀者回函卡

謝謝您購買這本書，爲了加強對您的服務，請您詳細填寫本卡各欄，寄回大塊出版 (免附回郵) 即可不定期收到本公司最新的出版資訊，並享受我們提供的各種優待。

姓名：＿＿＿＿＿＿＿＿＿＿＿＿ **身分證字號**：＿＿＿＿＿＿＿＿

住址：＿＿＿＿＿＿＿＿＿＿＿＿＿＿＿＿＿＿＿＿＿＿＿＿＿

聯絡電話：(O)＿＿＿＿＿＿＿＿＿＿＿＿ (H)＿＿＿＿＿＿＿＿

出生日期：＿＿＿＿年＿＿＿月＿＿＿日

學歷：1.□高中及高中以下 2.□專科與大學 3.□研究所以上

職業：1.□學生 2.□資訊業 3.□工 4.□商 5.□服務業 6.□軍警公教
7.□自由業及專業 8.□其他＿＿＿＿

從何處得知本書：1.□逛書店 2.□報紙廣告 3.□雜誌廣告 4.□新聞報導
5.□親友介紹 6.□公車廣告 7.□廣播節目8.□書訊 9.□廣告信函
10.□其他＿＿＿＿＿＿

您購買過我們那些系列的書：
1.□Touch系列 2.□Mark系列 3.□Smile系列 4.□catch系列

閱讀嗜好：
1.□財經 2.□企管 3.□心理 4.□勵志 5.□社會人文 6.□

國家圖書館出版品預行編目資料

日本IC教父川西剛:我的半導體經營哲學／
川西剛著；蕭秋梅譯.--初版.-- 臺北市：
大塊文化，1999 [民 88]
面；　公分. -- (tomorrow；5)
ISBN 957-8468-69-5 (平裝)

1.半導體－工業－日本
2.企業管理

448.65　　　88000345

Tomorrow

明日工作室 策劃

溫世仁．蔡志忠 監製

你能懂

2小時掌握一個知性主題

多媒體

You Got It!

鄒景平、侯延卿 合著

二十一世紀是多媒體與網路結合的新世紀，它為我們生活、工作、學習及育樂交誼型態帶來莫大的衝擊，也將對商務交易、企業運作、都市生活型態產生革命性的影響。多媒體普及之後，人類的思考模式、社會文化、居住型態及環境生態也都會隨之改變。

就像女星珊卓．布拉克（Sandra Bullock）主演的電影《網路上身》（The Net），一個擅長檢修遊戲軟體的電腦系統分析師安琪拉．班奈特，在測試一個電腦程式時，無意中接取到一份她不該取得的資料，因而把她的生活搞得天翻地覆。這部電影中所描述的安琪拉，舉凡工作、交友、購物等日常生活大小事宜，都在網路上解決。因為平常很少出門，所以連鄰居、朋友都無人見過她的面，以致後來她的身分被別人取代，卻沒有人可以為她作證，指認她就是她！當然，這樣的情節是有點誇張，但也不啻為對未來生活的一種警訊，提醒我們在使用電腦過生活的同時，不要忘記敦親睦鄰。

目前我們的工作環境是集中式辦公室，大家從不同的地方開車到公司來上班。但在多媒體工作環境之下，集中辦公室會演變成分散式辦公室。因為，如果多媒體可經由通訊網路傳輸，使我們在家裡就可以看到另外一個人，今天我們就不用去上班了。因為我們上班是為了辦事的，與同事們並不需要真正的身體接觸。

Tomorrow

明日工作室 策劃

溫世仁．蔡志忠 監製

你能懂

2小時掌握一個知性主題

You Got It!

吳宗正／著

何文榮／著

近一年來，有關「生命」方面的訊息，持續不斷地匯入我們的思維與生活中，先是發生在英國的狂牛症，其次是發生在國內的口蹄疫，再來是複製羊「桃莉」的誕生，這種「無性生殖」的成功，讓人立刻聯想到複製人的可行性，甚至已不是可能不可能的問題，而是已經面臨做不做的抉擇了。而其引發的後續有關的道德、倫理、與法律規範問題，更是如波濤洶湧般，激起大家的警覺。另外，冷凍人的問題，代理孕母的問題，加上重大刑案、華航空難所牽涉的DNA鑑定問題，這一連串事件接踵發生，媒體的推波助瀾，彷佛接下來就是生物科技的世紀，也就是說「基因的世紀」就在我們跟前。然而我們捫心自問，我們對基因、對生命，究竟瞭解多少？本書將以輕鬆愉快，簡單易懂的方式，逐步引導讀者認識「生命」，尤其是百分之九十五以上未受過生命科學洗禮的國人，更需補充這方面的知識。如此才能在即將來臨，且肯定會涉入我們未來生活，甚或如影隨形地影響我們一生的「基因世紀」，具備與生命科學家互通的共同語言，進一步參與對話及討論，並擁有足夠的知識來做正確的價值判斷。

Tomorrow

明日工作室 策劃
溫世仁 監製
蔡志忠
千禧蟲防治造型設計

你能懂

2小時掌握一個知性主題

千禧蟲危機

You Got It!

鄒景平
張成華 合著

在千禧年來臨的前夕
取消你的旅遊計畫
確認你的銀行存款
準備足夠的現金和糧食

然後，趕快打開這本書！

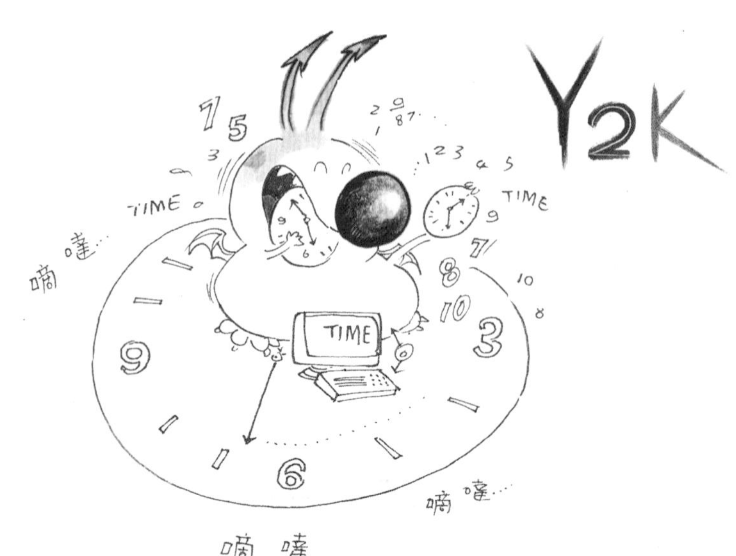

LOCUS

LOCUS

LOCUS

LOCUS